UNE **BELLE** HISTOIRE *DU* **TEMPS**

Flammarion

DU MÊME AUTEUR

Une brève histoire du temps. Du big bang aux trous noirs
Flammarion, 1989 ; coll. « Champs », 1991

Commencement du temps et fin de la physique ?
Flammarion, 1992 ; coll. « Champs », 1994

Qui êtes-vous Mister Hawking ?
Odile Jacob, 1994

Trous noirs et bébés univers
Odile Jacob, 1994 ; coll. « Poches », 2000

L'Univers dans une coquille de noix
Odile Jacob, 2002

La Nature de l'espace et du temps
avec Roger Penrose,
Gallimard, 1997 ; coll. « Folio Essais », 2003

SOUS SA DIRECTION :
Sur les épaules des géants. Les plus grands textes de physique et d'astronomie
Dunod, 2003

Stephen
HAWKING
avec **LEONARD MLODINOW**

UNE BELLE HISTOIRE DU TEMPS

Traduit de l'anglais par Béatrice Commengé

Flammarion

Titre original : *A Briefer History of Time*

Édition originale publiée par Bantam Dell, filiale de Random House, Inc.,
New York

Conception et réalisation graphique : Atelier Michel Bouvet

Illustration de couverture : *La longueur d'onde* (The Book Laboratory ®)

ISBN : 2-08-210519-9

Avant-Propos

Une brève histoire du temps, publié en 1988, fut en bonne place sur la liste des best-sellers du *Sunday Time* pendant 237 semaines. Dans le monde, une personne sur 750 l'aurait acheté — succès remarquable pour un livre qui traitait quelques-unes des questions les plus difficiles en physique. Mais ces questions difficiles sont aussi les plus captivantes, car ce sont les plus fondamentales : que savons-nous vraiment de l'Univers? Comment sommes-nous parvenus à cette connaissance? D'où vient l'Univers et où va-t-il? Ces interrogations, qui représentaient la substance même d'*Une brève histoire du temps*, constituent également le noyau de ce livre.

Dans les années qui suivirent la publication d'*Une brève histoire du temps*, j'ai reçu d'innombrables lettres de lecteurs du monde entier, de tous âges et de toutes professions. Une requête revenait sans cesse, celle d'un livre traitant des mêmes sujets, mais de manière plus claire et plus plaisante. Cette approche, pouvait-on penser, aurait pu conduire à «Une moins brève histoire du temps», mais rares semblaient les lecteurs à la recherche de longs exposés universitaires pour étudiants en cosmologie. C'est donc à cette exigence de clarté et de concision que répond le présent ouvrage. Dans *Une belle histoire du temps*, nous avons repris, restructuré et enrichi le contenu essentiel du premier livre, tout en veillant à demeurer concis et facile à lire. Nous avons supprimé certains chapitres plus techniques, mais nous estimons avoir largement compensé cette absence par un traitement beaucoup plus approfondi du matériau qui constitue le cœur du livre.

Nous avons aussi profité de l'occasion pour actualiser le livre en y intégrant les résultats de nouvelles observations et théories. *Une belle histoire du temps* rend compte des plus récents progrès accomplis dans la recherche d'une théorie unifiant les quatre forces de la Nature (gravitationnelle, électromagnétique, nucléaire forte, nucléaire faible), en particulier ceux réalisés dans la théorie des cordes. Nous exposons aussi les correspondances qui peuvent être établies entre les différentes formes de cette théorie, notamment grâce au concept de dualité. Pour ce qui est des observations, le livre décrit les plus importantes, comme celles du satellite Cosmic Background Explorer (COBE) et du télescope Hubble.

Il y a quelque quarante ans, Richard Feynman déclarait : « Nous avons de la chance de vivre à une époque où l'on fait encore des découvertes. C'est comme l'Amérique — on ne la découvre qu'une fois. L'époque à laquelle nous vivons est celle de la découverte des lois fondamentales de la Nature. » Aujourd'hui, nous sommes plus près que jamais de comprendre la nature de l'Univers. Notre but, en écrivant ce livre, est de vous faire partager non seulement toute l'excitation que ces découvertes provoquent, mais aussi la nouvelle image de la réalité qui en découle.

01

QUELQUES RÉFLEXIONS SUR L'UNIVERS

Nous vivons dans un univers étrange et merveilleux. Il nous faut une imagination extraordinaire pour pouvoir apprécier son âge, sa dimension, sa violence et même sa beauté. Et la place que nous occupons, nous, êtres humains, au sein de ce vaste cosmos peut sembler vraiment insignifiante. Si bien que nous tentons de donner un sens à tout cela, nous tentons de comprendre comment nous nous intégrons à l'ensemble.

Il y a quelques décennies, un célèbre savant (certains avancent le nom de Bertrand Russell) donna un jour une conférence sur l'astronomie durant laquelle il décrivit comment la Terre tourne autour du Soleil et comment le Soleil, à son tour, tourne autour du centre de tout un ensemble d'étoiles qui constituent notre galaxie. À la fin de son exposé, une vieille dame, tout au fond de la salle, se leva et prit la parole : « Tout ce que vous venez de nous dire n'est que sornettes. En réalité, le monde est un disque plat porté par une tortue géante. » À quoi le savant répliqua avec un sourire insolent : « Et qui porte la tortue ? — Vous êtes très astucieux, jeune homme, très astucieux, répondit la vieille dame. Mais il y a des tortues empilées les unes sur les autres, jusqu'en bas ! »

De nos jours, cette vision de notre Univers posé sur une tour infinie de tortues ferait sourire. Mais pourquoi notre vision d'aujourd'hui seraitelle plus juste ? Oublions un instant ce que nous savons — ou pensons savoir — sur l'espace. Levons les yeux et contemplons le ciel, la nuit. Comment interpréter tous ces points lumineux? S'agit-il de feux minuscules? Difficile, vraiment, d'imaginer ce qu'ils peuvent être, tant ils se situent au-delà de notre expérience ordinaire. Si vous observez régulièrement le ciel, vous avez probablement remarqué une espèce de vague lueur flottant au-dessus de l'horizon au crépuscule. C'est en réalité une planète, Mercure, mais elle n'a rien de commun avec la nôtre. Une journée sur Mercure (soit la durée de la rotation de la planète sur elle-même) équivaut à deux tiers d'une année sur Terre. En outre, la température sur Mercure atteint des valeurs supérieures à 400° Celsius quand le Soleil brille, puis retombe à −200° Celsius au cœur de la nuit. Pourtant, si différente de notre planète et si inimaginable que soit Mercure, il nous est presque plus difficile encore d'imaginer une banale étoile, sorte de haut-fourneau gigantesque qui brûle des milliards de tonnes de matière par seconde et atteint, en son centre, une température de plusieurs dizaines de millions de degrés.

Il nous est tout aussi difficile de nous figurer les distances réelles qui nous séparent des planètes et des étoiles. Car il est normal de les imaginer beaucoup plus proches qu'elles ne le sont. Dans la Chine ancienne, les hommes construisaient même de hautes tours de pierre pour les observer de plus près. Dans la réalité, ces distances sont si énormes que les mesurer en miles ou en kilomètres, comme il est d'usage, n'aurait aucun sens. L'unité de mesure utilisée est l'année-lumière, qui correspond à la distance parcourue par la lumière en une année. Sachant que la lumière parcourt trois cent mille kilomètres par seconde, on comprend qu'une année-lumière est une distance phénoménale. L'étoile la plus proche de nous, mis à part notre Soleil, est appelée Proxima du Centaure et se situe à quatre années-lumière — une distance telle qu'il faudrait environ dix mille ans au plus rapide de nos vaisseaux spatiaux pour l'atteindre.

Les peuples anciens ont cherché à comprendre l'Univers, mais ils n'avaient pas encore développé notre science ni nos mathématiques. De nos jours, nous disposons de puissants outils : outils théoriques comme les mathématiques, intellectuels comme la méthode scientifique, mais également technologiques, avec les ordinateurs et télescopes. Grâce à eux, les chercheurs ont pu éclaircir un certain nombre de mystères concernant l'espace. Cependant, que savons-nous exactement de l'Univers et par quel moyen le savons-nous ? Comment est-il né ? D'où vient-il ? Où va-t-il ? Et si l'Univers a un commencement, que se passait-il *avant* sa naissance ? Quelle est la nature du temps ? L'Univers aura-t-il une fin ? Pouvons-nous remonter le temps ? De récentes découvertes en physique, rendues possibles grâce aux nouvelles technologies, suggèrent quelques réponses à ces questions éternelles. Un jour, ces réponses pourront nous sembler aussi évidentes que la Terre tournant autour du Soleil — ou peut-être aussi ridicules que les tortues empilées les unes sur les autres. Seul le temps, quelle que soit sa nature, le dira.

NOTRE VISION de L'UNIVERS, TOUJOURS en ÉVOLUTION

Même s'il se trouvait, à l'époque de Christophe Colomb, bon nombre de gens pour croire que la Terre était plate (on en trouverait encore quelques-uns aujourd'hui...), c'est pourtant à la Grèce antique que remontent les origines de l'astronomie. Aux alentours de 340 avant Jésus-Christ, le philosophe Aristote écrivit un traité intitulé *Du ciel*, dans lequel il avançait quelques bons arguments en faveur d'une Terre ronde plutôt que plate.

L'un de ses arguments s'appuyait sur les éclipses de Lune. Aristote avait découvert qu'elles étaient provoquées par le passage de la Terre entre le Soleil et la Lune : c'est l'ombre de la Terre qui, se projetant sur la Lune, produit l'éclipse. Or cette ombre, remarqua Aristote, est toujours ronde — ce qui pouvait fort bien s'expliquer si la Terre était une sphère, mais plus difficilement si elle était un disque. En effet, si la Terre était un disque plat, son ombre ne serait ronde que lors d'une éclipse se produisant au moment où le Soleil serait exactement au centre de ce disque. À tout autre moment, l'ombre serait allongée et de forme elliptique.

Les Grecs avaient un autre argument en faveur de la rotondité de la Terre. Si celle-ci était plate, un bateau surgissant à l'horizon apparaîtrait d'abord tel un point minuscule et indistinct, devenant de plus en plus net à mesure qu'il se rapprocherait, jusqu'à ce qu'on en distingue coque et voilure. Or les choses ne se passent pas ainsi : quand un bateau apparaît à l'horizon, ce sont les voiles qui sont d'abord visibles. La coque n'apparaît que plus tard, et cette observation prouve que la Terre est une sphère.

Dans le modèle de Ptolémée, la Terre est située au centre de l'Univers,

En outre, les Grecs étaient de grands observateurs du ciel. À l'époque d'Aristote, les hommes consignaient les mouvements des points lumineux dans le ciel nocturne depuis déjà des siècles. Ils avaient noté que, même si la plupart des milliers de lueurs visibles semblaient se déplacer ensemble à travers la voûte céleste, cinq d'entre elles (sans compter la Lune) faisaient exception. Celles-ci s'aventuraient de temps à autre hors d'une voie est-ouest bien tracée, puis parcouraient le chemin en sens inverse. Ces lumières indisciplinées furent appelées « planètes » — du mot grec *planêtês* désignant le vagabond. Les Grecs n'en dénombrèrent que cinq, les seules visibles à l'œil nu : Mercure, Vénus, Mars, Jupiter et Saturne. Aujourd'hui, nous savons pourquoi les planètes empruntent des chemins si particuliers dans le ciel : alors que les étoiles se déplacent à peine par rapport à notre système solaire, les planètes tournent autour du Soleil, si bien que leurs déplacements dans la voûte céleste sont beaucoup plus complexes que ceux des étoiles lointaines.

Aristote pensait que la Terre était immobile, tandis que le Soleil, la Lune, les planètes et les étoiles décrivaient autour d'elle des orbites circulaires. Cette croyance reposait sur une sorte d'intuition mystique : selon lui, la Terre était au centre de l'Univers et le mouvement circulaire était le plus parfait. Au IIe siècle après Jésus-Christ, Ptolémée s'appuya sur cette idée pour élaborer une cosmographie complète. Il était passionné par ces questions : « Quand je suis à loisir la multitude des étoiles dans leur course circulaire, mes pieds ne touchent plus terre », écrivit-il.

Dans son système, la Terre était entourée de huit sphères en rotation, chacune étant plus grande que celle qui la précédait, un peu à l'image des poupées russes. La Terre se situait au centre et ce qui existait au-delà de la dernière sphère n'était pas clairement défini, mais ne faisait de toute façon pas partie de l'Univers observable par l'homme. Si bien que la sphère la plus éloignée constituait une sorte de frontière, ou même d'enveloppe, de tout l'Univers. Les étoiles occupaient des positions fixes sur la surface de cette sphère, se déplaçaient toutes ensemble, groupées, à travers la voûte céleste et, en conséquence, conservaient entre elles les mêmes positions lorsque la sphère tournait. Les cinq planètes, qui n'étaient pas fixées à leurs sphères respectives (ou intérieures) comme l'étaient les étoiles, parcouraient de petits cercles appelés épicycles. La rotation des sphères s'ajoutant à celle des planètes elles-mêmes sur leurs propres sphères permettait à Ptolémée d'expliquer pourquoi les voies empruntées par ces planètes n'étaient pas de simples cercles à travers le ciel.

Lorsqu'un bateau apparaît à l'horizon... Parce que la Terre est une sphère, le mât et les voiles d'un bateau qui apparaît à l'horizon sont visibles avant sa coque.

Le modèle de Ptolémée
Dans le modèle de Ptolémée, la Terre est située au centre de l'Univers, entourée de huit sphères contenant les trajectoires de tous les corps célestes connus.

Le modèle de Ptolémée permettait de prévoir de façon relativement précise la position des corps célestes dans le ciel. Mais, pour que ses prédictions deviennent correctes, il devait supposer que la Lune suivait une trajectoire telle que la distance Terre-Lune était à certains moments deux fois moins grande qu'à d'autres. Ce qui impliquait que la Lune aurait dû nous apparaître, dans ces moments-là, deux fois plus grosse ! Ptolémée avait conscience de ce défaut, mais son système fut, sinon universellement, du moins généralement adopté. Il fut même adopté par l'Église chrétienne, qui le trouva en accord avec les Saintes Écritures, car il avait l'énorme avantage de laisser une place immense pour l'enfer et le paradis au-delà de la sphère des étoiles fixes.

En 1514, un prêtre polonais, Nicolas Copernic, proposa un nouveau modèle qu'il commença par faire circuler anonymement, sans doute par crainte que l'Église ne le condamne au bûcher pour hérésie. Copernic avançait l'idée révolutionnaire que tous les corps célestes ne tournaient pas forcément autour de la Terre. En fait, il pensait que le Soleil était au centre du système et que la Terre et les planètes parcouraient des orbites circulaires autour de lui. Tout comme le modèle de Ptolémée, son système fonctionnait, sans toutefois coller parfaitement avec l'observation. Comme il était beaucoup plus simple, on se serait attendu qu'il fût rapidement adopté. Mais il fallut attendre près d'un siècle avant que cette idée ne fût prise au sérieux et que deux astronomes, l'Allemand Johannes Kepler et l'Italien Galileo Galilei (dit Galilée), ne se missent à défendre publiquement la théorie copernicienne.

En 1609, Galilée commença à observer le ciel avec une lunette astronomique, laquelle venait à peine d'être inventée. Il remarqua que Jupiter était accompagnée de nombreux petits satellites, ou lunes, en orbite autour d'elle. Cette observation impliquait que tout ne tournait pas forcément autour de la Terre, comme l'avaient cru Aristote et Ptolémée. Au même moment, Kepler fit progresser la théorie de Copernic en suggérant que les planètes ne décrivaient pas des cercles, mais des ellipses : grâce à cette hypothèse, les prédictions coïncidaient enfin avec les observations. C'était là un coup mortel porté au système de Ptolémée.

Les orbites elliptiques amélioraient la théorie copernicienne ; cependant, Kepler continuait à les considérer comme une simple hypothèse transitoire. Il avait des idées préconçues sur la nature, qui n'étaient fondées sur aucune observation ; il croyait simplement, comme Aristote, que l'ellipse était moins parfaite que le cercle. L'idée que des planètes puissent emprunter une voie si imparfaite lui semblait trop contraire à la beauté pour être vérité. Par ailleurs, comment des orbites

elliptiques pourraient-elles être compatibles avec les forces magnétiques qui, selon lui, faisaient tourner les planètes autour du Soleil ? Même si Kepler se trompait en pensant que les planètes étaient mises en mouvement par des forces magnétiques, reconnaissons-lui le mérite d'avoir découvert qu'une *force* est nécessaire pour entraîner ces mouvements. L'explication définitive ne fut fournie que bien plus tard, en 1687, quand Isaac Newton publia ses *Philosophiae naturalis principia mathematica*, qui constituent sans doute, en physique, le travail le plus important jamais effectué par un homme seul.

Dans ses *Principia*, Newton énonçait une loi selon laquelle tout corps au repos le demeure à moins d'être entraîné par une force : sous l'effet de cette force, un corps peut être mis en mouvement ou son mouvement peut être modifié. Mais alors, pourquoi les planètes décrivent-elles des ellipses autour du Soleil ? Pour Newton, une force très spécifique en est responsable, la même qui fait retomber les corps sur le sol lorsqu'on les lâche. Il donna à cette force le nom de « gravitation » (avant lui, le mot anglais *gravity* désignait indifféremment le sérieux ou le pesant). Il a également découvert les lois mathématiques qui précisent comment les corps réagissent lorsqu'une telle force s'exerce sur eux et résolu les équations correspondantes. Ainsi fut-il capable de démontrer que, en raison de la gravitation, les trajectoires de la Terre et des autres planètes autour du Soleil ne pouvaient être que des ellipses — exactement comme l'avait montré Kepler ! Newton affirmait que cette loi s'appliquait à tout ce qui existe dans l'Univers — de la pomme tombant d'un arbre aux planètes en mouvement. Pour la première fois dans l'Histoire, quelqu'un expliquait le mouvement des planètes à partir de lois qui valaient également pour les mouvements sur Terre : ce pas décisif marqua le début de la physique et de l'astronomie modernes.

En abandonnant le système des sphères de Ptolémée, il n'y avait plus aucune raison de croire que l'Univers avait une frontière (correspondant à la sphère la plus éloignée). Et, puisqu'il semblait prouvé que les étoiles ne changeaient pas de position (à l'exception de leur mouvement apparent dans la voûte céleste, dû à la rotation de la Terre sur son axe), rien ne nous empêchait de supposer que les étoiles puissent être des corps semblables à notre Soleil, mais beaucoup plus éloignés. Nous venions d'abandonner l'idée que la Terre occupe le centre de l'Univers, mais aussi celle que notre Soleil, peut-être même notre système solaire, est unique dans le cosmos. Cette vision nouvelle de l'Univers, qui bouleversa le monde des idées, constitue l'acte fondateur de la science moderne.

03

*Qu'*est-ce qu'UNE THÉORIE SCIENTIFIQUE ?

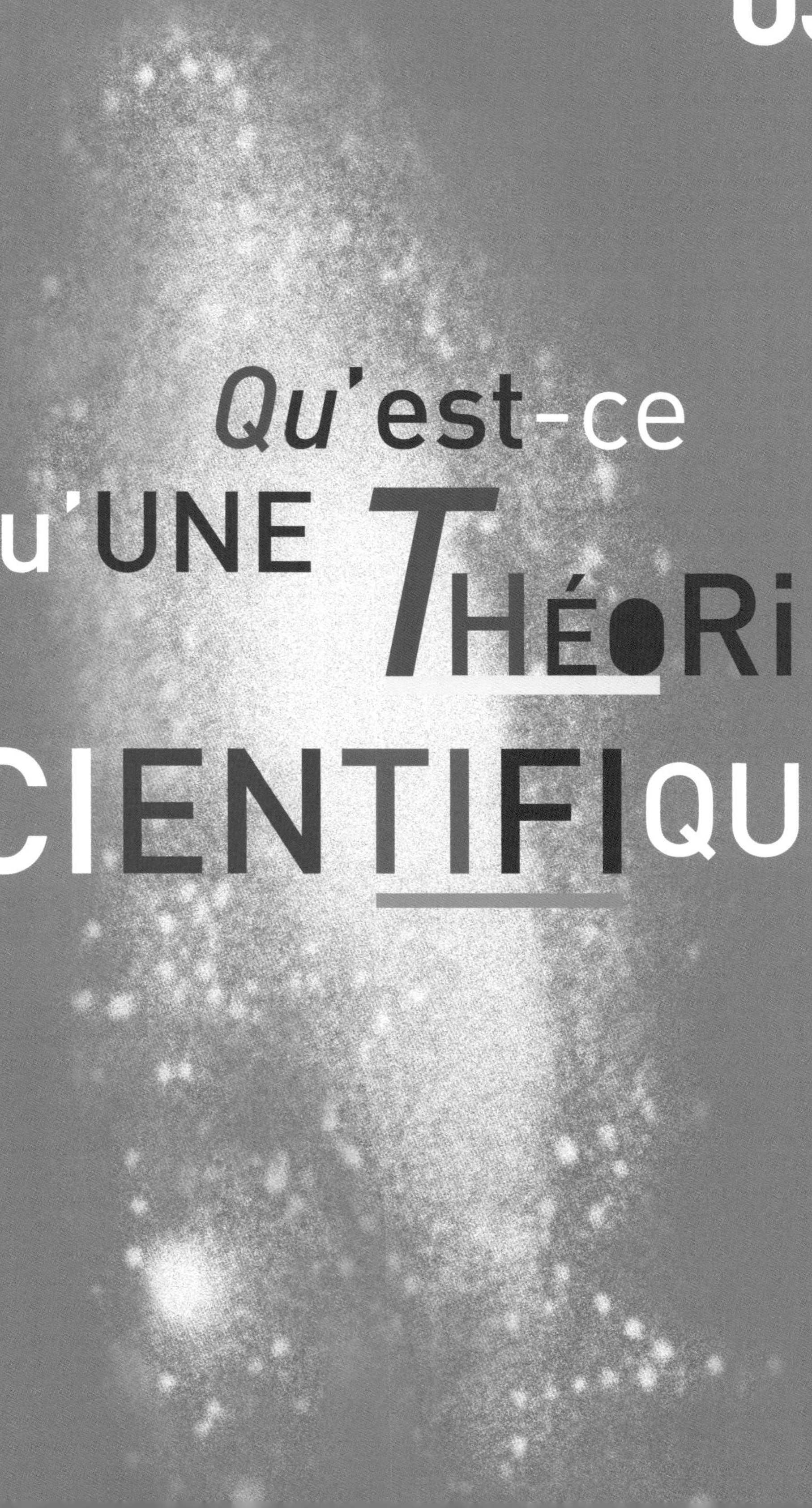

Une théorie n'est une bonne théorie qu'à deux conditions : d'une part, elle doit décrire avec exactitude un grand nombre d'observations à partir d'un modèle ne comportant qu'un petit nombre d'éléments arbitraires; d'autre part, permettre d'établir

Avant d'évoquer la question de la nature de l'Univers et celles de son origine et de sa fin, il convient de s'entendre sur ce qu'est une théorie scientifique. Si nous partons de l'idée simpliste qu'une théorie n'est qu'un modèle de l'Univers, ou d'une partie de l'Univers, comportant un ensemble de règles par lesquelles nous pouvons mettre en correspondance calculs et observations, celle-ci n'a d'existence que dans notre esprit et n'a pas d'autre réalité (quel que soit le sens donné à ce mot). Une théorie n'est une bonne théorie qu'à deux conditions : d'une part, elle doit décrire avec exactitude un grand nombre d'observations à partir d'un modèle ne comportant qu'un petit nombre d'éléments arbitraires ; d'autre part, permettre d'établir des prédictions précises et fermes sur les résultats des observations futures.

Ainsi, Aristote croyait à la théorie d'Empédocle selon laquelle l'Univers serait constitué de quatre éléments : la terre, l'air, le feu et l'eau. Théorie assez simple mais qui n'autorisait aucune prédiction précise. En revanche, la théorie de la gravitation de Newton, pourtant fondée sur un modèle encore plus simple (deux corps s'attirent l'un l'autre selon une force proportionnelle à leur masse et inversement proportionnelle au carré de la distance qui les sépare), permettait de prévoir les mouvements du Soleil, de la Lune et des planètes avec une grande précision.

En physique, une théorie est toujours provisoire dans la mesure où elle n'est qu'une hypothèse : elle demeure impossible à prouver. Quel que soit le nombre de fois où les résultats d'une expérience sont en accord avec la théorie, on n'est jamais certain que l'expérience suivante ne viendra pas la contester. Et il suffit qu'une seule observation soit en désaccord avec les prédictions de la théorie pour qu'elle puisse être réfutée. Comme l'a souligné Karl Popper, philosophe des sciences, ce qui caractérise une bonne théorie, c'est justement le fait qu'elle propose un certain nombre de prédictions qui pourraient, en principe, être réfutées ou falsifiées par l'observation. Chaque fois que de nouvelles expériences viennent confirmer les prédictions, la théorie survit, et notre confiance en elle s'accroît, mais, à la moindre contestation par quelque observation inédite, la théorie doit être réexaminée, modifiée ou abandonnée. C'est ainsi que les choses sont censées se dérouler, même si rien ne nous empêche de nous interroger sur la compétence de la personne qui a conduit l'expérience ou l'observation.

En pratique, il arrive souvent qu'une nouvelle théorie ne soit que l'extension de la théorie précédente. Des observations très poussées de Mercure ont ainsi révélé une petite différence entre ses mouvements et les prédictions de la théorie gravitationnelle de Newton. La théorie de la relativité générale d'Einstein prédisait des mouvements légèrement différents de ceux prédits par Newton. Cette concordance de la théorie d'Einstein avec l'observation fut l'une des plus importantes indications de la validité de celle-ci. Pourtant, cela ne nous empêche pas d'utiliser encore la théorie de Newton dans la pratique, car les deux théories donnent des résultats presque identiques dans la plupart des situations qui nous concernent dans le système solaire. Qui plus est, la théorie de Newton a l'énorme avantage d'être beaucoup plus simple que celle d'Einstein !

On pourrait assigner pour but ultime à la science de nous fournir une seule et unique théorie capable de décrire l'ensemble de l'Univers.

Pourtant, la plupart des savants choisissent de diviser le problème en deux. D'un côté, il y a des lois qui nous montrent comment l'Univers évolue dans le temps (si nous savons à quoi ressemble l'Univers à un instant donné, les lois physiques nous permettent de dire à quoi il ressemblera à tout instant ultérieur). De l'autre, se pose la question de l'origine de l'Univers. Certains estiment que la science ne devrait s'occuper que du premier problème, la question de son état initial relevant pour eux de la métaphysique ou de la religion. En d'autres termes, Dieu, dans son omnipotence, aurait créé l'Univers selon son bon plaisir. C'est peut-être le cas, mais, dans cette hypothèse, il aurait pu aussi le laisser se développer de manière parfaitement arbitraire. Or il semble qu'Il ait choisi de le faire évoluer d'une façon tout à fait régulière, selon des lois bien définies. Il est donc tout aussi raisonnable de supposer que des lois ont également régi son état initial.

Il se révèle fort difficile de concevoir une théorie permettant de décrire l'Univers dans tous ses détails. En conséquence, nous préférons fragmenter le problème et élaborer plusieurs théories partielles. Chacune

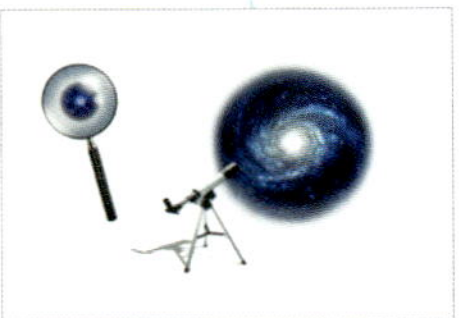

Des atomes aux galaxies
Au cours de la première moitié du XXe siècle, les physiciens ont étendu la portée de leurs théories : du monde d'Isaac Newton jusqu'à ceux de l'infiniment petit et de l'infiniment grand.

d'elles décrit et prédit une série limitée d'observations, négligeant les effets de certains phénomènes ou se bornant à les modéliser de façon sommaire (par une série de paramètres). Cette approche est peut-être totalement erronée. Si, dans l'Univers, tous les phénomènes sont fondamentalement interdépendants, il pourrait se révéler impossible de parvenir à une solution qui soit complète en étudiant séparément les différentes parties du problème. Il n'empêche que c'est par ce biais que nous avons accompli certains progrès dans le passé. L'exemple classique est celui de la théorie newtonienne de la gravitation, qui nous enseigne que l'attraction entre deux corps dépend d'un seul nombre associé à chacun, sa masse, mais demeure indépendante de la nature de ces corps. Ainsi, nous n'avons nul besoin de connaître la structure et la composition du Soleil et des autres planètes pour pouvoir calculer leurs orbites.

Aujourd'hui, les scientifiques font appel à deux théories partielles de base pour décrire l'Univers : la théorie de la relativité générale et la physique quantique, qui représentent les plus grandes réussites intellectuelles de la première moitié du XXe siècle. La relativité générale décrit la force de gravitation ainsi que la structure à grande échelle de l'Univers, c'est-à-dire des structures allant de quelques kilomètres à quelques millions de millions de millions de millions (10^{24}) de kilomètres, ce qui représente la taille de l'Univers observable. De son côté, la physique quantique s'occupe de phénomènes à toute petite échelle qui concernent les distances inférieures au dix milliardième de mètre.

Malheureusement, les principes de ces deux théories sont incompatibles et ne peuvent donc être valides en même temps. L'un des efforts majeurs de la physique actuelle porte sur la recherche d'une nouvelle théorie susceptible de dépasser ces principes en les unifiant : une théorie quantique de la gravitation. Nous ne l'avons pas encore trouvée et, même si le chemin à parcourir est encore long, nous connaissons déjà bon nombre de ses propriétés. Nous verrons que nous en savons déjà beaucoup sur les prédictions qu'une telle théorie devrait permettre.

Donc, si vous êtes de ceux qui pensent que l'Univers n'est pas arbitraire mais régi par des lois déterminées, vous serez au bout du compte obligé d'associer toutes ces théories partielles en une seule théorie unifiée capable de décrire l'Univers dans son ensemble. Il y a cependant un paradoxe fondamental à vouloir construire pareille théorie. Toutes les idées que nous venons de développer à propos des théories scientifiques supposent que nous sommes des êtres rationnels, libres d'observer l'Univers comme bon nous semble et de tirer des déductions logiques de nos observations. En ce cas, il est raisonnable de penser que nous nous acheminons vers

une connaissance toujours plus juste des lois qui gouvernent notre Univers. Or une théorie unifiée de l'Univers, si elle existait, serait censée déterminer également nos actions. Dès lors, c'est la théorie elle-même qui déterminerait notre possibilité de la découvrir ! Et pourquoi nous amènerait-elle forcément à tirer les bonnes conclusions des preuves fournies par l'observation ? Ne pourrait-elle pas tout aussi bien nous induire en erreur ? Ou ne pas nous offrir de conclusion du tout ?

La seule réponse que je puisse donner à ce problème s'appuie sur la théorie de la sélection naturelle de Darwin. Elle part du principe que dans toute population d'organismes qui se reproduisent il y aura toujours des variations dans le capital génétique et dans les capacités de chaque individu. Ces différences impliqueront que certains se révéleront plus aptes que d'autres à décoder le monde qui les entoure et à agir en conséquence, donc plus aptes à survivre et à se reproduire, si bien que leurs schémas de pensée et de comportement deviendront dominants. Il ne fait guère de doute que, dans le passé, ce que nous appelons l'intelligence et l'approche scientifique des phénomènes ont pu favoriser la survie. Il n'est pas évident que ce soit encore vrai aujourd'hui : nos découvertes scientifiques pourraient très bien nous conduire à notre destruction totale. Cependant, dans la mesure où l'Univers a évolué de façon régulière, nous pouvons raisonnablement espérer que les capacités de raisonnement dont la sélection naturelle nous a pourvus sont adaptées à la recherche d'une telle théorie et ne nous entraîneront pas vers de fausses conclusions.

Étant donné que les théories partielles dont nous disposons nous permettent de formuler des prédictions exactes sur le comportement de la matière dans toutes les situations, à l'exception des plus extrêmes, la quête de la théorie ultime de l'Univers semble difficile à justifier dans la pratique. (Notons toutefois qu'on aurait pu user d'arguments similaires contre la théorie de la relativité générale et la physique quantique, théories qui ont fini par nous donner à la fois l'énergie nucléaire et la microélectronique !) Pour toutes ces raisons, la découverte d'une théorie unifiée pourrait n'être d'aucun secours pour la survie de notre espèce et même n'avoir aucun impact sur nos modes de vie. Mais, depuis l'aube de la civilisation, les hommes répugnent à considérer les événements comme non reliés entre eux et inexplicables. Ils ont toujours éprouvé ce besoin compulsif de comprendre l'ordre sous-jacent du monde. Aujourd'hui, nous continuons désespérément de vouloir savoir d'où nous venons et pourquoi nous sommes ici. Ce désir, si profondément ancré, suffit à justifier la poursuite de notre quête. Et notre but n'est rien de moins que la description la plus complète de l'Univers dans lequel nous vivons.

L'UNIVERS SELON NEWTON

Nos idées actuelles sur les mouvements des corps remontent à Galilée et Newton. Avant eux, tout le monde croyait Aristote, qui pensait que l'état naturel des corps était le repos et qu'ils ne se mettaient en mouvement que sous l'effet d'une force ou d'une poussée. Ce qui sous-entendait qu'un corps lourd devait tomber plus vite qu'un corps léger puisqu'il subissait une attraction plus forte vers la Terre. Par ailleurs, la tradition aristotélicienne prétendait qu'on pouvait déduire de notre seule réflexion toutes les lois gouvernant l'Univers : nul besoin de vérifier par l'observation. Si bien que personne avant Galilée n'avait pris la peine de vérifier si des corps de poids différents tombaient à des vitesses différentes. La légende veut que ce soit en lâchant plusieurs poids du haut de la tour penchée de Pise que Galilée démontra qu'Aristote se trompait. L'anecdote a peu de chance d'être vraie ; en revanche, il réalisa une expérience équivalente en faisant rouler sur un plan incliné des balles de poids différents. Le procédé s'apparente à celui qui consiste à laisser tomber des corps verticalement, mais l'observation est facilitée par le fait que la vitesse du corps en déplacement est plus faible. Les mesures de Galilée montrèrent que la vitesse de tous les corps augmente de la même façon. Par exemple, si vous laissez rouler une boule sur une pente qui décline d'un mètre tous les dix mètres, la boule descendra à une vitesse d'environ un mètre par seconde, quel que soit son poids. Évidemment, dans la pratique, un morceau de plomb tombe plus vite qu'une plume, mais c'est parce que la plume est ralentie par la résistance de l'air. Si on lance des objets qui offrent peu de résistance à l'air, comme deux morceaux de plomb de poids différents, ils arriveront en même temps — nous verrons pourquoi par la suite. Sur la Lune, où il n'y a pas d'air pour ralentir les objets, l'astronaute David R. Scott en fit l'expérience en 1971, durant la mission Apollo 15, et constata qu'effectivement le morceau de plomb et la plume touchaient le sol en même temps.

Newton se servit des expériences de Galilée pour établir ses lois sur le mouvement. Ces expériences montraient qu'un corps roulant sur une pente est constamment poussé par une force (son poids) qui a pour effet d'augmenter constamment sa vitesse. Ainsi, l'effet d'une force est toujours de modifier la vitesse d'un corps et non de le mettre en mouvement, comme on le croyait jusqu'alors. Ce qui impliquait aussi qu'un corps sur lequel aucune force ne s'exerce continue de se déplacer en ligne droite en conservant la même vitesse. Cette idée, développée pour la première fois explicitement dans les *Principia mathematica* de Newton publiés en 1687, est connue sous le nom de première loi de Newton. Mais qu'arrive-t-il à un corps lorsqu'il est *vraiment* soumis à une force ? C'est tout l'objet de la seconde loi de Newton : elle montre que la vitesse de ce corps augmente en proportion de l'intensité de la force. Par exemple, si la force devient deux fois plus intense, l'accélération sera deux fois plus forte. En outre, pour une force d'intensité donnée, l'accélération est d'autant plus faible que la masse du corps est importante. (La même force agissant sur un corps d'une masse deux fois plus élevée produit une accélération deux fois plus faible.) La voiture nous fournit un exemple familier de ce phénomène : plus le moteur est puissant, plus la vitesse est grande, mais à moteur d'égale puissance plus la voiture est lourde, plus la vitesse est faible.

En complément de ces lois du mouvement, qui décrivent comment les corps réagissent aux forces qu'ils subissent, la théorie de la gravitation explique comment déterminer l'intensité d'un type particulier de force, la force de gravitation. Comme nous l'avons vu, cette théorie dit que tout corps attire tout autre corps selon une force proportionnelle à la masse de chacun, ce qui revient à dire que la force d'attraction entre deux corps est deux ou trois fois plus importante si la masse de l'un d'entre eux est doublée ou triplée.

Il est désormais possible de comprendre pourquoi les corps tombent à la même vitesse. Selon la première loi de Newton, un corps deux fois plus lourd subit une force de gravitation (l'attirant vers le sol) deux fois plus intense. Mais sa masse étant également deux fois plus importante, son accélération est, selon la seconde loi de Newton, réduite de moitié. En conséquence, ces deux effets s'annulent l'un l'autre, et l'accélération demeure la même quelle que soit la masse.

La loi de la gravitation nous enseigne aussi que plus deux corps sont éloignés l'un de l'autre, plus la force entre eux est faible : ainsi, l'attraction gravitationnelle qu'exerce une étoile sur un corps donné vaut le quart de celle exercée par une étoile similaire deux fois plus proche. Cette loi est capable de prédire les orbites elliptiques de la Terre, de la Lune et des planètes avec une grande précision.

Si l'attraction gravitationnelle d'une étoile comme le Soleil variait avec l'éloignement plus ou moins vite que l'inverse du carré de la distance, les orbites des planètes ne seraient plus des ellipses mais des spirales fonçant vers le Soleil ou s'en échappant.

L'attraction gravitationnelle de corps composites
Si la masse d'un corps est doublée, la force gravitationnelle qu'il exerce sur les autres corps le sera aussi.

La grande différence entre Aristote et Galilée, et Newton, c'est qu'Aristote croyait que le repos était l'état privilégié de toute chose et que les corps se déplaçaient seulement parce qu'ils sont mus par une force, ou impulsion. En particulier, il pensait que la Terre était immobile. Mais les lois de Newton nous enseignent qu'il n'existe pas de repos absolu. On peut tout aussi bien dire que le corps A est immobile et que le corps B se déplace selon une vitesse constante par rapport à A, ou bien que le corps B ne bouge pas tandis que A se déplace. Oubliez un instant la rotation de la Terre sur son axe et son orbite autour du Soleil : vous pourriez dans ce cas dire que la Terre est immobile et qu'un train roule vers le nord à 150 km/h, ou bien que le train est à l'arrêt et que la Terre se déplace vers le sud à 150 km/h. Et, si vous poursuivez l'expérience avec des corps se déplaçant dans le train, les lois de Newton seront toujours valables. Imaginez par exemple une partie de ping-pong : que la partie ait lieu dans le train en marche ou le long de la voie ferrée, le mouvement de la balle obéit toujours aux lois de Newton. Il n'y a donc aucun moyen de savoir si c'est la Terre ou le train qui se déplace. Alors, qui a raison ? Newton ? Aristote ? Comment le découvrir ?

Proposons le test suivant : vous êtes enfermé dans une boîte et vous ignorez si la boîte est posée par terre dans un train en marche ou sur la terre ferme — une Terre immobile si l'on adopte le point de vue d'Aristote. Avez-vous un moyen de le découvrir ? Si oui, on peut penser qu'Aristote avait raison : être au repos sur la Terre est quelque chose de particulier. Mais, que votre boîte soit posée dans un train à l'arrêt ou en marche (en supposant qu'il n'y ait ni bosses, ni tournants, ni imperfections sur les rails), les résultats seront exactement les mêmes. Rappelez-vous que la balle de ping-pong se comporte de manière identique quand le train est en marche et quand vous jouez le long de la voie. Et si, enfermé dans

votre boîte, vous jouez en vous déplaçant à différentes vitesses, à une vitesse nulle, à 90 ou à 150 km/h, la balle réagira toujours de la même façon. Voilà comment tourne le monde, et c'est ce que reflètent les lois de Newton : il n'existe aucun moyen de savoir qui, du train ou de la Terre, est en mouvement. La notion de mouvement n'a de sens que pour un corps en relation avec d'autres corps — c'est une notion relative.

Mais est-il si important de savoir qui, de Newton ou d'Aristote, a raison ? Différence de vision du monde, de philosophie ou question essentielle pour la science ?

En vérité, l'absence de repos absolu a des implications considérables en physique : elle signifie qu'il est impossible de déterminer si deux événements qui se sont produits à des instants différents ont eu lieu au même endroit dans l'espace.

Toute distance est relative
La trajectoire d'un corps dans l'espace peut sembler différente aux observateurs qui sont en déplacement les uns par rapport aux autres.

Afin de vous représenter ce phénomène, imaginez un train roulant à 144 km/h et quelqu'un lançant une balle de ping-pong en l'air qui rebondit deux fois au même endroit à une seconde d'intervalle. Pour le lanceur, la distance entre les points d'impact des deux rebonds est nulle. En revanche, une personne située sur la voie aurait l'impression que les deux impacts se sont produits à quarante mètres l'un de l'autre, distance parcourue par le train entre les deux rebonds.

Selon Newton, les observateurs ont tous deux le droit de considérer qu'ils sont immobiles et leurs points de vue sont également recevables. Aucun ne peut se dire plus immobile que l'autre, contrairement à ce que pensait Aristote. Les positions apparentes des deux événements et les distances qui les séparent sont simplement différentes pour l'homme du train et pour l'homme sur la voie, et il n'y a aucune raison de privilégier l'un ou l'autre point de vue.

Cette absence de localisation absolue, ou d'espace absolu, comme on l'appelait, tourmentait beaucoup Newton, parce qu'elle ne s'accordait pas avec sa conception d'un Dieu absolu. En réalité, il refusait d'accepter ce qu'impliquaient ses propres lois. Beaucoup le critiquèrent pour cette croyance irrationnelle, en particulier l'évêque Berkeley, un philosophe qui pensait que tous les corps matériels, de même que l'espace et le temps, n'étaient qu'illusions.

Aristote et Newton croyaient tous deux en un temps absolu. Ils croyaient possible de mesurer sans ambiguïté l'intervalle de temps entre deux événements, intervalle qui demeure toujours le même quel que soit celui qui le mesure, à condition de disposer d'une bonne horloge.

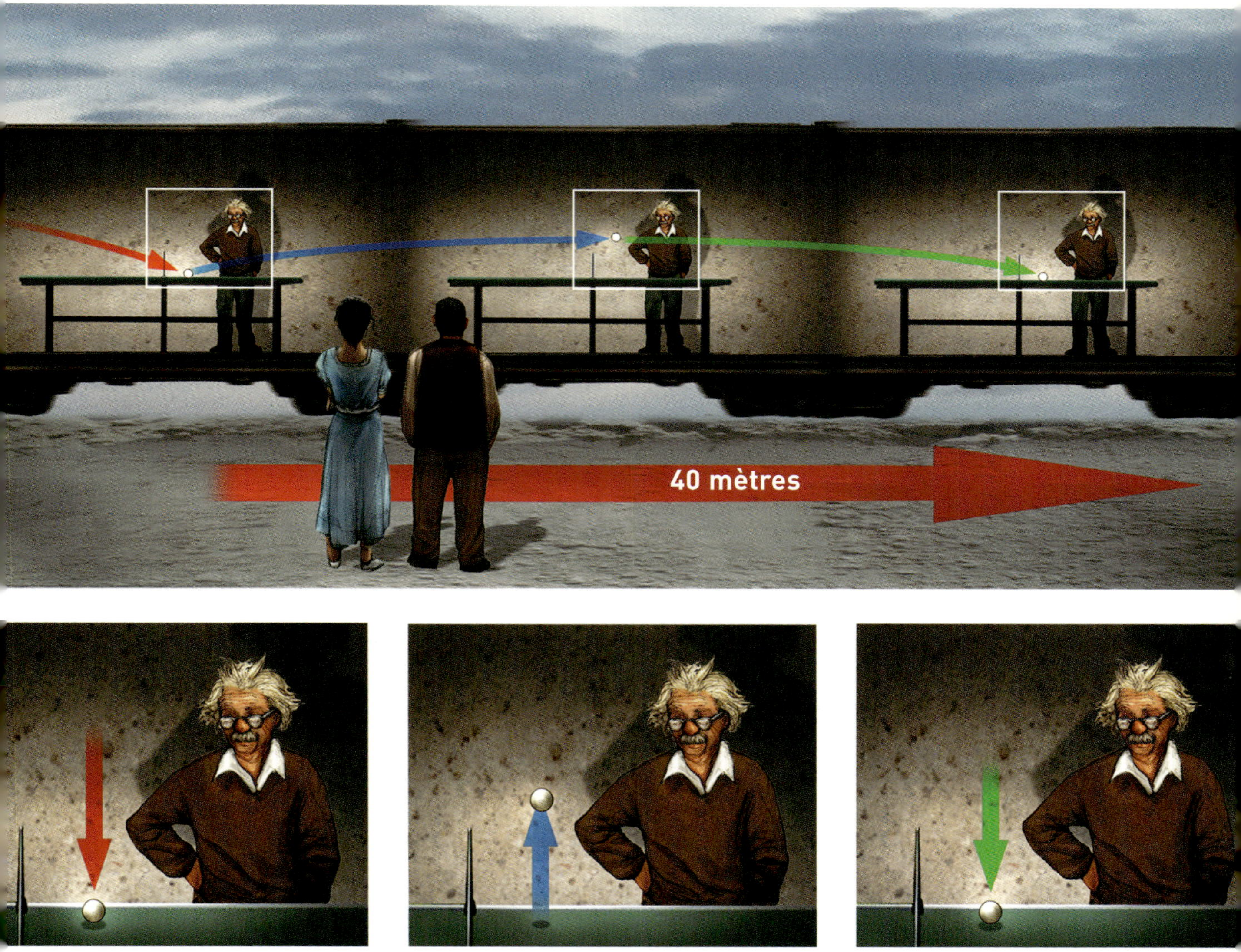
40 mètres

À la différence de l'espace absolu, le temps absolu *était* compatible avec les lois de Newton. Cette vision correspond à ce qu'on pourrait appeler le bon sens. Cependant, au XXe siècle, certains physiciens s'aperçurent de la nécessité de modifier nos conceptions du temps et de l'espace. Ils découvrirent que l'intervalle de temps entre deux événements, tout comme la distance entre les deux rebonds de la balle de ping-pong, dépendait du mouvement de l'observateur. Ils découvrirent également que le temps n'était pas complètement indépendant de l'espace. C'est une nouvelle compréhension des propriétés de la lumière qui leur en a fourni la clé. À première vue, tout cela semble contredire notre expérience, mais on s'est aperçu que des notions qui font appel au bon sens fonctionnent quand il s'agit de pommes, ou même de planètes qui se déplacent relativement lentement, mais ne fonctionnent plus du tout lorsqu'il s'agit de corps se déplaçant à une vitesse proche de celle de la lumière.

05

La Théorie de la Relativité d'EINSTEIN

En 1676, l'astronome danois Ole Christensen Roemer fut le premier à découvrir que la lumière voyage à une vitesse finie, mais très élevée. Si vous observez les satellites de Jupiter, vous remarquerez qu'ils disparaissent de temps à autre de notre champ de vision lorsqu'ils passent derrière la planète géante. Ces éclipses devraient se produire à intervalles réguliers, pourtant Roemer remarqua que ce n'était pas le cas. Serait-ce parce qu'ils ralentissent ou accélèrent en parcourant leurs orbites? Roemer proposa une autre explication.

Si la lumière voyageait à une vitesse infinie, nous, observateurs terrestres, verrions les éclipses à intervalles réguliers, au moment même où elles se produisent, tels les tic-tac d'une horloge cosmique. En effet, dotée d'une vitesse infinie, la lumière parcourrait instantanément n'importe quelle distance, et que Jupiter s'éloigne ou se rapproche de la Terre ne changerait rien à l'affaire.

À présent, imaginons que la lumière voyage à une vitesse finie. Les éclipses seraient alors visibles peu après s'être produites. Ce retard dépend de la vitesse de la lumière *et* de la distance qui sépare Jupiter de la Terre. Si la distance entre les deux planètes ne changeait pas, ce «temps de retard» serait le même pour chaque éclipse. Or, parfois, Jupiter et la Terre se rapprochent; le «signal» émis par les éclipses successives a par conséquent moins de distance à parcourir et nous parvient plus tôt que si Jupiter ne s'était pas déplacée. De même, quand Jupiter et la Terre s'éloignent à nouveau l'une de l'autre, nous voyons les éclipses plus tard.

Cette observation plus ou moins tardive des éclipses dépend de la vitesse de la lumière, et c'est justement ce qui nous permet de calculer cette vitesse. Voici comment Roemer a procédé : ayant constaté que les éclipses de Jupiter apparaissaient plus tôt pendant les périodes de l'année où la Terre se rapprochait de l'orbite de Jupiter, et plus tard quand elle s'en éloignait, il se servit de cette différence de temps pour mesurer la vitesse de la lumière. Il évalua cette vitesse à deux cent vingt-cinq mille kilomètres par seconde, quand la vitesse correcte est trois cent mille kilomètres par seconde. Ainsi, Roemer a accompli une prouesse : non seulement il a prouvé que la vitesse de la lumière était finie, mais il est parvenu à la calculer, et cela onze ans avant la publication des *Principia mathematica* de Newton.

Il fallut attendre 1865 pour disposer d'une théorie adéquate de la propagation de la lumière, quand le physicien britannique James Clerk Maxwell parvint à unifier les théories partielles utilisées jusqu'alors pour décrire l'électricité et le magnétisme. Certains phénomènes électriques et magnétiques étaient connus depuis fort longtemps, mais c'est seulement au XVIIIe siècle que le chimiste anglais Henry Cavendish et le physicien français Charles-Augustin de Coulomb établirent des lois quantifiant la force électrique entre deux corps chargés. Quelques décennies plus tard, au début du XIXe siècle, des physiciens découvrirent des lois analogues pour les forces magnétiques. Maxwell démontra mathématiquement que ces forces électrique et magnétique ne proviennent pas de particules agissant les unes sur les autres, mais plutôt que toute charge et tout courant électrique crée un champ dans l'espace environnant, champ qui exerce une force sur toute autre charge et tout courant situés dans cet espace. Il découvrit qu'un *seul* champ transporte à la fois les forces électrique et magnétique et, en conséquence, que l'électricité et le magnétisme constituent deux aspects inséparables de la même force. Il l'appela force électromagnétique et le champ qui la produit, champ électromagnétique.

Les équations de Maxwell prédisaient l'existence d'ondes électromagnétiques se propageant à une vitesse finie, à l'image de rides à la surface d'un étang. Lorsqu'il calcula cette vitesse de propagation, il s'aperçut qu'elle coïncidait exactement avec la vitesse de la lumière ! Aujourd'hui, nous savons que les ondes de Maxwell sont visibles pour l'œil humain sous forme de lumière uniquement lorsque leur longueur d'onde se situe entre 0,4 et 0,8 millionième de mètre (la longueur d'onde est la distance entre deux crêtes ou deux creux successifs de l'onde).

Les ondes dont la longueur d'onde est inférieure à celle de la lumière visible sont connues sous les noms de rayons ultraviolets, rayons X et rayons gamma. Celles dont la longueur d'onde est supérieure sont appelées aujourd'hui ondes radio (un mètre ou plus) ou micro-ondes (quelques centimètres), ou encore infrarouges (inférieures à un millionième de mètre, mais supérieures à la lumière visible).

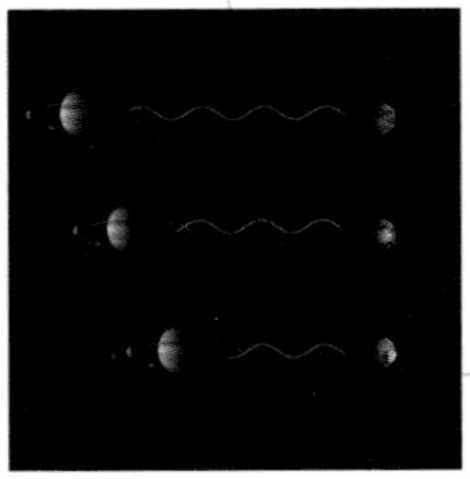

La vitesse de la lumière et le moment des éclipses
Les moments où nous observons les éclipses des satellites de Jupiter dépendent à la fois de l'instant où elles se produisent et du temps que met la lumière de Jupiter pour nous parvenir. C'est pourquoi les éclipses semblent plus fréquentes lorsque Jupiter et la Terre se rapprochent et moins fréquentes lorsqu'elles s'éloignent l'une de l'autre. (Pour plus de clarté, on a exagéré cet effet sur l'image.)

La théorie de Maxwell, qui impliquait que les ondes lumineuses ou radio se propagent à une vitesse déterminée, fut difficile à concilier avec la théorie de Newton. Puisque, d'après Newton, il n'existe aucun espace immobile de référence, il ne peut y avoir de définition absolue de la vitesse d'un corps. Pour le comprendre, imaginez à nouveau que vous jouiez au ping-pong dans un train. Si vous lancez la balle vers l'avant du train à une vitesse que votre adversaire évalue à 10 km/h, cette vitesse serait de 100 km/h pour un spectateur situé sur le quai : 10 proviennent du déplacement de la balle par rapport au train et 90 du déplacement du train par rapport au quai. Quelle est donc la vitesse de la balle ? 10 km/h, ou 100 km/h ? Comment la définir ? Par rapport au train ou à la Terre ? Dès lors qu'il n'existe pas d'immobilité absolue, il est impossible d'attribuer à la balle une vitesse absolue. On pourrait lui donner n'importe quelle vitesse, en fonction du système de référence choisi pour la mesurer.

Or, selon la théorie de Newton, la même chose vaudrait pour la lumière. Alors, que veut dire Maxwell quand il prédit que les ondes lumineuses se propagent à une vitesse déterminée ?

Afin de réconcilier la théorie de Maxwell avec les lois de Newton, on suggéra qu'il existait une substance appelée éther, présente partout, y compris dans l'espace vide. Cette notion d'éther séduisait plutôt les scientifiques : de même que les vagues ont besoin d'eau, que le son a besoin d'air, les ondes électromagnétiques ont besoin d'une « substance » pour se propager. Les ondes lumineuses se propageraient à travers l'éther comme les ondes sonores à travers l'air, et leur vitesse, si l'on se réfère aux équations de Maxwell, devrait donc être calculée par rapport à l'éther. Des observateurs différents verraient alors la lumière se diriger vers eux à des vitesses différentes, mais la vitesse de la lumière demeurerait fixe par rapport à l'éther.

On a pu tester cette hypothèse. Imaginez une lumière provenant d'une source X. Selon la théorie de l'éther développée par Maxwell, la lumière se propage dans l'éther à la vitesse de la lumière. Si vous vous dirigez vers la source lumineuse, la vitesse de la lumière par rapport à vous correspondra à la somme de la vitesse de la lumière dans l'éther et de votre propre vitesse dans l'éther. À vos yeux, la lumière se rapprochera donc plus vite que si vous restiez immobile. Cependant, il s'avéra très difficile de mettre en évidence cet effet, car la vitesse de la lumière est beaucoup plus grande que les vitesses auxquelles nous pouvons nous déplacer.

En 1887, Albert Michelson (qui fut le premier Américain à recevoir le prix Nobel de physique) et Edward Morley procédèrent à une expérience délicate à la Case School of Applied Science (devenue aujourd'hui Case

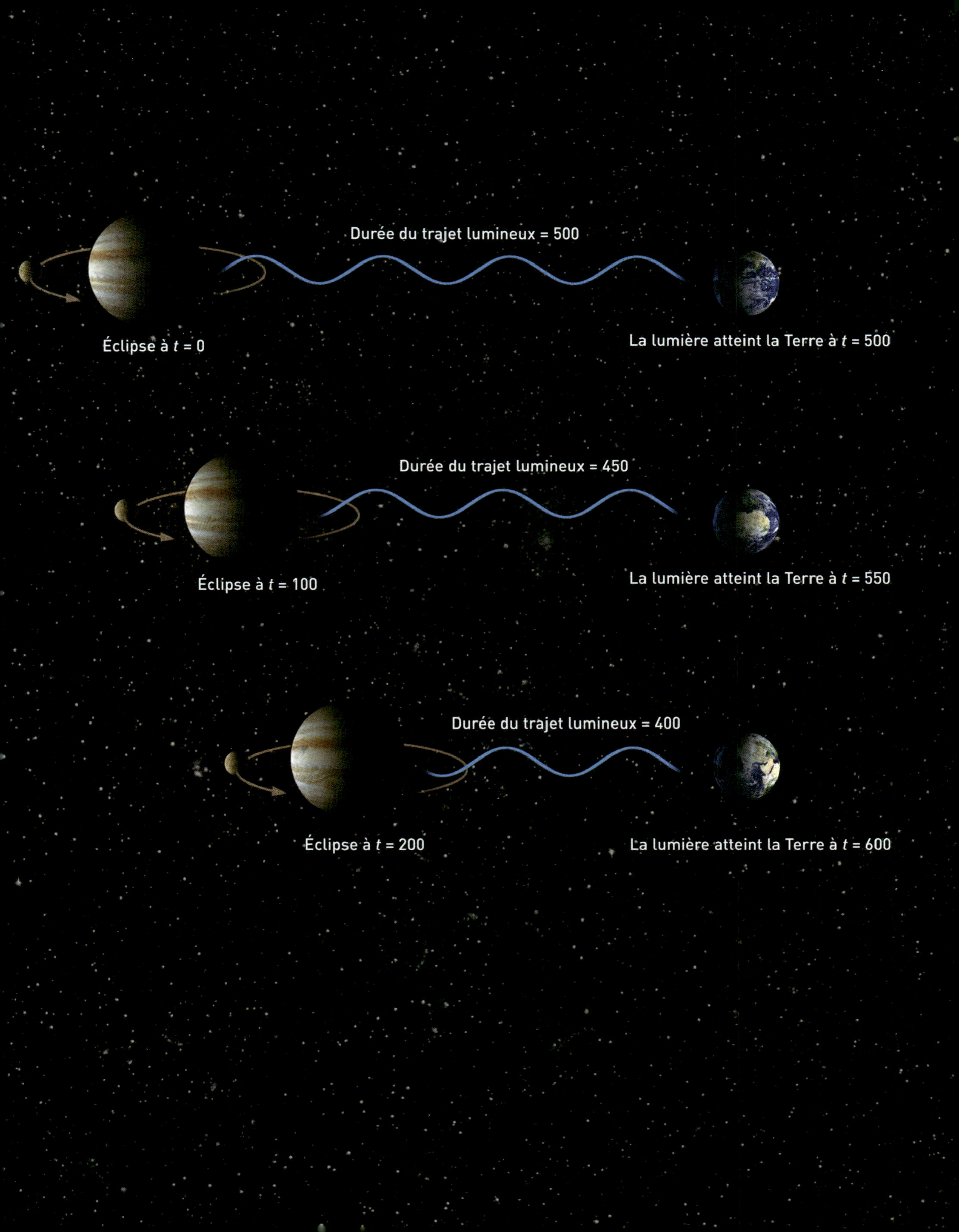

Durée du trajet lumineux = 500
Éclipse à t = 0
La lumière atteint la Terre à t = 500
Durée du trajet lumineux = 450
Éclipse à t = 100
La lumière atteint la Terre à t = 550
Durée du trajet lumineux = 400
Éclipse à t = 200
La lumière atteint la Terre à t = 600

Le postulat fondamental de la théorie de la relativité d'Einstein était que

Western Reserve University), à Cleveland. La Terre tournant autour du Soleil à une vitesse proche de trente kilomètres par seconde, leur laboratoire devait, lui aussi, se déplacer à une vitesse relativement élevée à travers l'éther. Naturellement, personne ne savait dans quelle direction ni à quelle vitesse l'éther pouvait se déplacer par rapport au Soleil, si tant est qu'il le fît. Mais, à force de répéter l'expérience à différents moments de l'année, quand la Terre occupe des positions différentes sur son orbite, ils espéraient parvenir à détecter l'effet du mouvement de la Terre par rapport à l'éther. Michelson et Morley mirent donc au point une expérience destinée à comparer la vitesse de la lumière dans la direction du mouvement de la Terre à travers l'éther (c'est-à-dire quand on se dirige vers la source de lumière) à la vitesse de la lumière perpendiculairement à ce mouvement (quand on ne se déplace pas vers cette source). À leur grande surprise, ils trouvèrent que la vitesse demeurait rigoureusement la même !

La longueur d'onde
La longueur d'onde est la distance qui sépare deux crêtes ou deux creux successifs de l'onde.

Entre 1887 et 1905, il y eut plusieurs tentatives pour sauver la théorie de l'éther. La plus notable fut celle du physicien néerlandais Hendrick Lorentz, qui tenta d'expliquer le résultat obtenu par Michelson et Morley en évoquant la contraction spatiale des corps et le ralentissement des horloges dans leur déplacement à travers l'éther. Toutefois, dans un célèbre article paru en 1905, un employé jusqu'alors inconnu du Bureau fédéral de la propriété intellectuelle de Berne (Suisse), Albert Einstein, fit remarquer que cette hypothèse de l'éther devenait superflue si l'on acceptait d'abandonner l'idée de temps absolu. Au même moment, l'un des plus grands mathématiciens français de l'époque, Henri Poincaré, émit une proposition similaire mais dans laquelle le concept d'éther était conservé. Les arguments d'Einstein étaient plus proches de la physique que ceux de Poincaré, qui considérait ce problème comme purement mathématique et refusa d'admettre l'interprétation d'Einstein jusqu'à sa mort, en 1912.

Le postulat fondamental de la théorie de la relativité d'Einstein, comme on l'appela, était que les lois de la physique doivent être les mêmes pour tous les observateurs en mouvement quelle que soit leur vitesse de déplacement. C'était déjà vrai dans le cadre de la physique de Newton, mais Einstein généralisa cette idée pour y inclure la théorie de Maxwell. En d'autres termes, puisque la théorie de Maxwell donne à la vitesse de la lumière une valeur déterminée, tous les observateurs devraient retrouver la même valeur quelle que soit la vitesse à laquelle ils se rapprochent ou s'éloignent de sa source. Non seulement cette idée simple parvenait incontestablement (sans avoir besoin de l'éther ou de tout autre cadre de référence) à expliquer le statut de la vitesse de la lumière dans les équations de Maxwell, mais elle eut aussi plusieurs conséquences

Les différentes vitesses de la balle de ping-pong
Selon le principe de la relativité énoncé par Galilée et repris par Newton dans sa *Mécanique*, les mesures de la vitesse d'un corps effectuées par différents observateurs sont toutes valables, même si elles ne concordent pas.

remarquables, souvent contraires à l'intuition.

Le fait que tous les observateurs attribuent la même vitesse à la lumière nous conduit à modifier notre conception du temps. Reprenons l'image de la table de ping-pong dans un train en marche. Pour un observateur demeuré sur le quai, une balle lancée en l'air et rebondissant deux fois aura parcouru environ quarante mètres, alors qu'elle se sera déplacée d'une dizaine de centimètres pour celui qui l'aura lancée. De même, si l'on déclenchait un flash de lumière dans le train, les deux observateurs en question ne s'accorderaient pas sur la distance parcourue par la lumière. Étant donné qu'une vitesse se calcule en divisant une distance par une durée, le seul moyen pour eux de s'accorder sur la vitesse, c'est de ne pas être d'accord sur la durée écoulée ! En d'autres termes, la théorie de la relativité d'Einstein a mis fin au concept de temps absolu ! Chaque observateur possède donc sa propre mesure du temps, donnée par toute horloge qu'il emporterait avec lui, et des horloges identiques emportées par des observateurs différents n'indiqueraient pas le même résultat.

Dans la théorie de la relativité, il n'est donc pas nécessaire d'introduire la notion d'éther, dont il est de toute façon impossible de détecter la présence, comme l'a montré l'expérience de Michelson et Morley. En revanche, cette théorie nous oblige à changer fondamentalement nos conceptions d'espace et de temps. Nous devons admettre que le temps n'est ni complètement séparé ni indépendant de l'espace, mais qu'il est couplé à lui au sein de ce qu'on appelle l'espace-temps. Ces nouvelles conceptions ne sont pas faciles à saisir. Il a d'ailleurs fallu des années pour que la relativité soit universellement acceptée, y compris par les physiciens. Cette théorie révolutionnaire témoigne de la puissance d'imagination d'Einstein, de la confiance qu'il avait dans son propre raisonnement, dont il assuma toutes les conséquences, y compris celles qui pouvaient paraître extravagantes.

Chacun sait qu'on peut décrire la position d'un point dans l'espace grâce à trois nombres qui constituent ses coordonnées. On peut dire d'un point dans une pièce qu'il est situé à sept mètres d'un mur, trois mètres d'un autre et à cinq mètres du sol ; ou bien calculer que tel point se trouve à telle latitude, telle longitude et à une certaine hauteur par rapport au niveau de la mer.

Chacun peut utiliser à sa convenance les trois coordonnées de son choix, même si chaque système de coordonnées a une pertinence limitée. Il ne serait guère pratique de mesurer en kilomètres la position de la Lune selon les directions nord et ouest rapportées à Piccadilly Circus, ni en pieds son altitude par rapport au niveau de la mer. En revanche, on pourrait

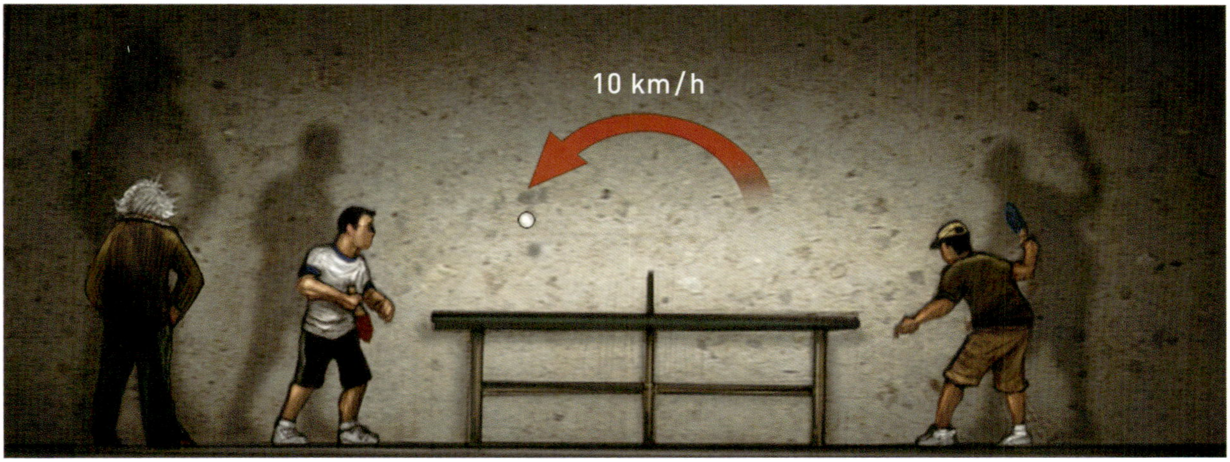
10 km/h

100 km/h

L'équivalence entre la masse et l'énergie, exprimée par la célèbre

choisir de repérer sa position en mesurant sa distance par rapport au Soleil, par rapport au plan des orbites des planètes, ainsi qu'en donnant l'angle formé par la droite reliant la Lune au Soleil et celle qui relie le Soleil à une étoile très proche, telle Proxima du Centaure. Cependant, même ces coordonnées ne seraient guère utiles pour définir la position du Soleil au sein de notre galaxie ou la position de notre galaxie au sein du Groupe local. En fait, on peut décrire l'ensemble de notre Univers en faisant se recouper toutes sortes de systèmes de référence et de repérage.

Les coordonnées dans l'espace
Dire que l'espace a trois dimensions signifie que nous avons besoin de trois nombres, ou coordonnées, pour définir la position d'un point.

Dans l'espace-temps de la relativité, chaque événement — c'est-à-dire tout ce qui se produit en un point particulier de l'espace à un instant donné — peut être défini par quatre nombres ou coordonnées. Là encore, le choix est arbitraire : on peut utiliser n'importe quelle coordonnée spatiale déterminée et n'importe quelle mesure du temps. Mais, dans la relativité, il n'y a pas de réelle distinction entre les coordonnées spatiales et temporelles, tout comme entre deux coordonnées spatiales. On pourrait adopter une nouvelle combinaison dans laquelle la première coordonnée spatiale serait une combinaison des précédentes coordonnées spatiales, la première et la deuxième, par exemple. Ainsi, au lieu de mesurer la position d'un point sur la Terre selon les directions nord et ouest rapportées à Piccadilly, on pourrait la mesurer selon les directions nord-est et nord-ouest rapportées à ce point. De même, rien ne nous empêche d'utiliser une nouvelle coordonnée de temps qui serait une combinaison de la précédente coordonnée de temps (en secondes) et de distance (en secondes-lumière) mesurée selon la direction nord.

Autre conséquence bien connue de la relativité, l'équivalence entre la masse et l'énergie, exprimée par la célèbre équation d'Einstein $E = mc^2$ (E symbolisant l'énergie, m la masse et c la vitesse de la lumière). Cette équation est souvent utilisée pour calculer combien d'énergie serait produite si on convertissait un morceau de matière en rayonnement électromagnétique. (Étant donné la très grande vitesse de la lumière, la quantité d'énergie contenue dans le moindre morceau de matière est énorme : à titre d'exemple, la masse convertie en énergie dans la bombe qui a détruit Hiroshima était inférieure à quelques dizaines de grammes.) Mais l'équation nous indique aussi que si l'énergie d'un corps augmente, son inertie, c'est-à-dire sa résistance à toute modification de sa vitesse, augmente également.

L'énergie liée au mouvement s'appelle l'énergie cinétique. De même qu'il faut de l'énergie pour faire avancer une voiture, il en faut pour augmenter la vitesse de n'importe quel corps. L'énergie cinétique d'un corps en mouvement est par définition égale à l'énergie qu'il faut

5 mètres
3 mètres
7 mètres

dépenser pour mettre ce corps en mouvement. En conséquence, plus la vitesse d'un corps est importante, plus il possède d'énergie cinétique. Mais l'inertie d'un corps augmentant avec son énergie cinétique, plus il se déplace vite, plus il devient difficile d'augmenter sa vitesse.

Cet effet ne sera vraiment observable que sur les corps se déplaçant à une vitesse proche de la vitesse de la lumière. Par exemple, à 10 % de la vitesse de la lumière, l'inertie d'un corps n'est que de 0,5 % supérieure à l'inertie qu'il possède au repos (et qui est alors égale à sa masse), tandis qu'à 90 % elle est deux fois supérieure. Quand la vitesse d'un corps augmente jusqu'à atteindre une valeur proche de celle de la lumière, son inertie devient considérable, et il faut donc dépenser de plus en plus d'énergie pour l'accélérer. Selon la théorie de la relativité, il existe une vitesse limite qu'un corps massif en mouvement ne peut dépasser ni même atteindre, car, pour ce faire, il faudrait que sa masse soit infinie et, compte tenu de l'équivalence entre masse et énergie, il faudrait lui conférer une énergie infinie. Tout corps ordinaire est donc condamné par la théorie de la relativité restreinte à se déplacer à des vitesses inférieures à celles de la lumière. Seuls les photons qui composent la lumière, ou d'autres éventuelles particules de masse nulle, voyagent à la vitesse de la lumière.

Cette théorie de 1905 fut appelée « relativité restreinte », car, même si elle était parvenue à démontrer que la vitesse de la lumière était la même pour tous les observateurs et à expliquer ce qui se produisait lorsque des corps se déplaçaient à des vitesses proches de la vitesse de la lumière, elle demeurait incompatible avec la théorie newtonienne de la gravitation. Selon Newton, à n'importe quel instant, les corps s'attirent les uns les autres selon une force qui dépend de la distance qui les sépare à cet instant. En d'autres termes : si l'on déplace l'un des corps, la force exercée sur l'autre sera immédiatement modifiée. Par exemple, si le Soleil disparaissait tout à coup, il faudrait, selon la théorie de la lumière énoncée par Maxwell, environ huit minutes avant que la Terre ne s'assombrisse (c'est le temps que met la lumière du Soleil pour nous parvenir), mais, en raison cette fois de la loi de Newton, la Terre cesserait instantanément de subir l'attraction du Soleil et se détournerait de son orbite. L'effet gravitationnel de la disparition du Soleil nous aurait donc atteints à une vitesse infinie, et non à une vitesse inférieure ou égale à celle de la lumière, comme le voulait la théorie de la relativité restreinte. Entre 1908 et 1914, Einstein tenta vainement de formuler une théorie de la gravitation qui fût compatible avec la relativité restreinte. Finalement, en 1915, il proposa une théorie plus révolutionnaire encore, que nous appelons aujourd'hui relativité générale.

06

Quand L'ESPACE devient COURBE

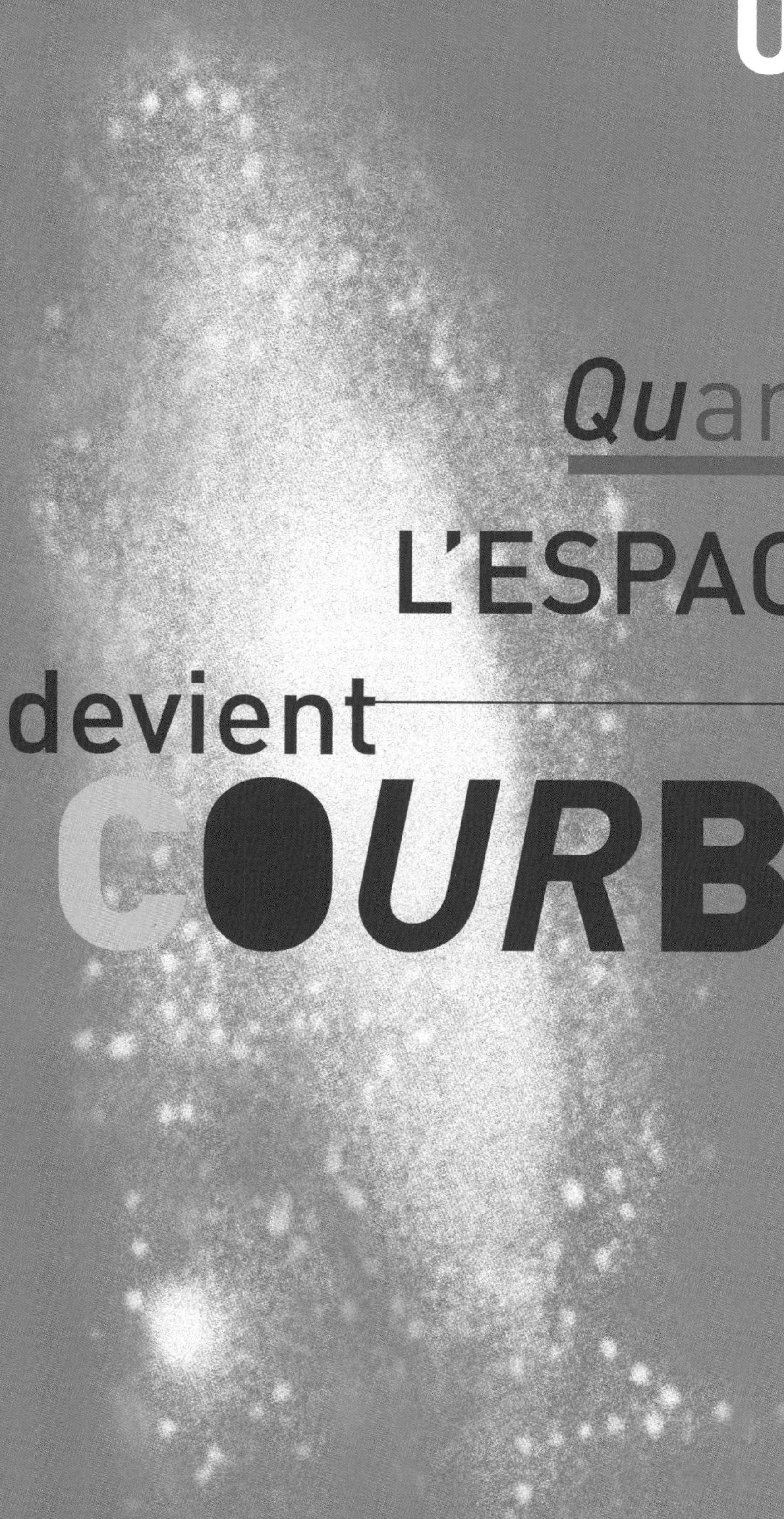

La théorie de la relativité générale est fondée sur une idée littéralement extraordinaire : la gravitation n'est pas une force comme les autres, mais une conséquence de ce que l'espace-temps n'est pas plat, comme on l'avait cru jusqu'alors. L'espace-temps est courbé par la distribution de masse et d'énergie qu'il contient. Si des corps comme la Terre se déplacent sur des orbites courbes, ce n'est pas parce qu'ils sont poussés par cette force qu'est la gravitation : ils le font parce qu'ils suivent la trajectoire la plus directe possible au sein d'un espace qui, lui, est courbe. Cette trajectoire, qui minimise la distance parcourue, est appelée géodésique.

Un plan géométrique est un bon exemple d'espace plat bidimensionnel sur lequel les géodésiques sont des droites. La surface de la Terre est un espace courbe bidimensionnel. Sur Terre, toute géodésique est un arc de cercle appelé grand cercle. L'équateur est un «grand cercle», comme l'est, à la surface du globe, tout autre cercle dont le centre coïncide avec le centre de la Terre. Le terme «grand cercle» a été choisi car ce sont les cercles les plus amples qu'on peut tracer à la surface du globe. La trajectoire que suit un pilote d'avion reliant deux aéroports est la géodésique, qui réduit la distance à parcourir. Si l'on suivait presque en ligne droite vers l'est la ligne de latitude commune entre New York et Madrid, la distance entre ces deux villes serait de 5 965 kilomètres; mais elle se réduit à 5 800 kilomètres si l'on vole le long d'un grand cercle en faisant d'abord cap vers le nord-est avant de virer graduellement vers l'est et ensuite vers le sud-est. Si l'on dessine ces deux trajectoires sur une carte sur laquelle on a aplati la surface du globe, le résultat est trompeur. Quand vous vous dirigez «droit» vers l'est, vous n'empruntez pas une véritable ligne droite, du moins au sens du chemin le plus direct qu'est la géodésique.

La trajectoire que suit un pilote d'avion reliant deux aéroports est

Selon la relativité générale, les corps suivent toujours des géodésiques dans un espace-temps à quatre dimensions. En l'absence de matière, ces géodésiques correspondent à des lignes droites dans un espace-temps à trois dimensions. En présence de matière, l'espace-temps à quatre dimensions est déformé, ce qui courbe les trajectoires des corps dans l'espace à trois dimensions, courbure que la théorie de Newton expliquait par les effets de l'attraction gravitationnelle. C'est un peu comme lorsqu'on regarde un avion survoler un sol vallonné. Même si l'avion suit une ligne droite dans l'espace à trois dimensions, il suffit que vous supprimiez la troisième dimension (l'altitude) pour vous apercevoir que son ombre décrit une trajectoire courbe sur le sol à deux dimensions.

Autre exemple : imaginez un vaisseau spatial voyageant en ligne droite dans l'espace et passant exactement au-dessus du pôle Nord. Si vous projetez sa trajectoire sur la surface bidimensionnelle de la Terre, vous découvrirez qu'elle décrit un demi-cercle, traçant une ligne de longitude sur l'hémisphère Nord.

Bien que le phénomène soit plus difficile à illustrer, la masse du Soleil courbe l'espace-temps de telle manière que, même si la Terre suit une ligne droite dans l'espace-temps à quatre dimensions, elle paraît, à nos yeux, se déplacer sur une orbite (pratiquement) circulaire dans un espace à trois dimensions.

En fait, même si leur déviation est expliquée de manière différente dans les deux théories, les orbites des planètes prédites par la relativité générale sont presque les mêmes que celles envisagées par la théorie de la gravitation de Newton. C'est l'orbite de Mercure qui montre le plus grand écart : Mercure étant la planète la plus proche du Soleil, c'est elle qui subit les effets gravitationnels les plus forts, de sorte qu'elle suit une orbite elliptique assez allongée. La relativité générale prédit que le grand axe de l'ellipse devrait tourner autour du Soleil au rythme d'environ un degré tous les dix mille ans. Bien qu'il soit très faible, cet effet, remarqué bien avant 1915 (*cf.* chapitre 3), a permis d'apporter un premier crédit à la théorie d'Einstein. Ces dernières années, on a pu mesurer par radar les déviations encore plus infimes des orbites des autres planètes, déviations qui se sont révélées en parfaite concordance avec les prédictions de la relativité générale.

Les rayons lumineux doivent eux aussi suivre des géodésiques dans l'espace-temps. Là encore, du fait de la courbure de l'espace, la lumière ne voyage pas en ligne droite, elle est elle aussi courbée par les champs gravitationnels. Selon la théorie de la relativité générale, la trajectoire de la lumière doit s'incurver légèrement lorsqu'elle se rapproche du Soleil,

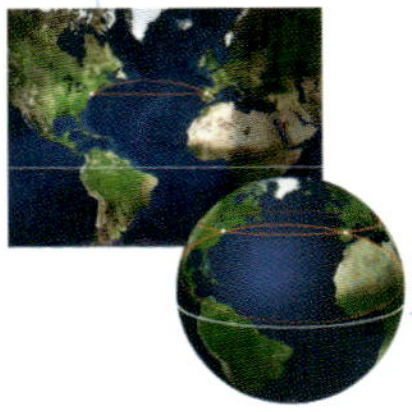

Les distances sur le globe terrestre
La trajectoire la plus directe entre deux points du globe est un arc du « grand cercle », ce qui ne correspond pas à une ligne droite quand vous regardez une carte.

en raison de la masse de l'astre. Ainsi, la lumière d'une étoile lointaine est légèrement infléchie lorsqu'elle passe près du Soleil et, de ce fait, l'étoile semble occuper une position différente pour un observateur terrestre.

Naturellement, si la lumière de cette étoile passait *toujours* près du Soleil, nous serions incapables de dire si sa trajectoire est déviée ou si l'étoile se trouve réellement à l'endroit où nous croyons la voir. Cependant, comme la Terre tourne autour du Soleil, ce sont des étoiles différentes qui voient leur lumière déviée. Ces étoiles changent alors de position apparente par rapport aux autres étoiles.

En temps normal, il est très difficile de constater cet effet, car la lumière du Soleil rend impossible l'observation des étoiles proches. En revanche, on peut les observer pendant une éclipse de Soleil, quand sa lumière est arrêtée par la Lune. La Première Guerre mondiale a empêché la vérification dès 1915 des prédictions d'Einstein concernant les déviations de la lumière. C'est seulement en 1919 qu'une équipe britannique, partie en expédition sur les côtes d'Afrique de l'Ouest pour observer une éclipse, a pu montrer que la trajectoire de la lumière était effectivement déviée par le Soleil, comme l'annonçait la relativité générale. Cette vérification d'une théorie allemande par des scientifiques anglais fut saluée comme un acte de réconciliation entre les deux pays. Le plus cocasse de l'histoire est qu'une étude postérieure des photographies prises au cours de l'expédition révéla que les mesures effectuées souffraient d'une imprécision qui rendait leur interprétation délicate. Les scientifiques étaient tombés sur les bonnes valeurs par hasard, à moins qu'ils n'aient été influencés par la connaissance du résultat souhaité — ce qui se produit assez souvent en science. Il n'empêche que la déviation de la lumière a bel et bien été confirmée plus tard par un certain nombre d'observations.

Autre prédiction de la relativité générale : le temps doit s'écouler plus lentement près d'un corps massif comme la Terre. Einstein l'avait prévu dès 1907, cinq ans avant qu'il ne s'aperçoive que la gravitation modifie aussi la forme de l'espace et huit ans avant qu'il n'achève sa théorie. Il avait déduit cet effet de son « principe d'équivalence », qui joue pour la relativité générale le même rôle que le « principe de relativité » pour la relativité restreinte.

La trajectoire de l'ombre d'un vaisseau spatial
Projetée sur la surface bidimensionnelle de notre globe, la trajectoire d'un vaisseau spatial volant en ligne droite dans l'espace apparaît courbée.

Le principe de la relativité restreinte établit, on s'en souvient, que les lois de la physique doivent être les mêmes pour tous les observateurs en mouvement quelle que soit la vitesse à laquelle ils se déplacent. Eh bien, on pourrait dire que le principe d'équivalence étend ce postulat aux observateurs qui ne se déplacent pas librement, mais subissent l'influence

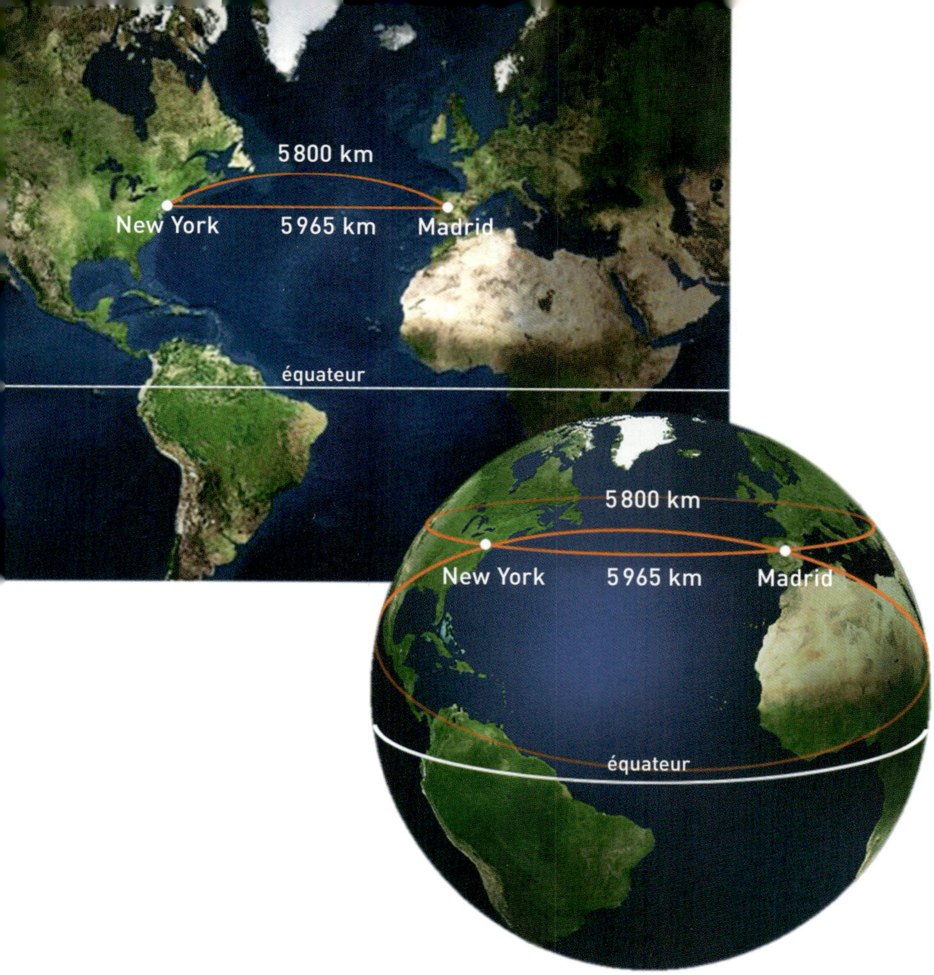
5800 km
New York
5965 km
Madrid
équateur
5800 km
New York
5965 km
Madrid
équateur

Dans une zone limitée de l'espace, il est impossible de savoir si l'on est

du champ gravitationnel. Ce qu'on peut énoncer ainsi : dans une zone limitée de l'espace, il est impossible de savoir si l'on est au repos dans un champ gravitationnel ou bien si l'on se déplace avec une accélération constante dans l'espace vide.

Imaginez que vous vous trouviez dans un ascenseur dans un espace dépourvu de gravité, sans haut ni bas. Vous flottez librement. Soudain, l'ascenseur se met en marche avec une accélération constante. Vous ressentez tout à coup la pesanteur. C'est-à-dire que vous vous sentez projeté sur une des parois de l'ascenseur et vous avez l'impression que c'est le sol ! Si, à cet instant, vous lâchez une pomme que vous tenez à la main, elle tombe par terre. En réalité, du moment qu'il y a accélération, tout ce qui se produit à l'intérieur de l'ascenseur se déroulera exactement comme si l'ascenseur n'était pas en mouvement, mais immobile dans un champ gravitationnel uniforme. Ainsi, de même qu'à l'intérieur d'un train il vous est impossible de savoir si vous vous déplacez à vitesse constante ou si vous êtes à l'arrêt, vous ne pouvez pas déterminer, quand vous êtes dans l'ascenseur, si vous êtes en constante accélération ou si vous vous trouvez dans un champ gravitationnel uniforme. C'est une autre manière d'énoncer le principe d'équivalence d'Einstein.

Ce principe ne vaut que si la masse inertielle (c'est-à-dire la masse qui, dans la seconde loi de Newton, détermine l'accélération subie par un corps soumis à une force) et la masse pesante (celle qui détermine la force de gravitation à laquelle il est soumis) ont une valeur égale (*cf.* chapitre 4). En effet, si ces deux masses sont identiques, tous les corps se trouvant dans le champ gravitationnel tomberont à la même vitesse, quelle que soit leur masse. Si cette équivalence n'était pas vraie, certains corps tomberaient plus vite que d'autres sous l'effet de la gravité et l'on pourrait, en conséquence, distinguer l'effet de la force de gravitation et celui d'une accélération uniforme, qui ferait tomber tous les corps à la même vitesse. Einstein s'est servi de cette équivalence entre gravitation et inertie pour formuler son principe d'équivalence et finalement aboutir à la relativité générale.

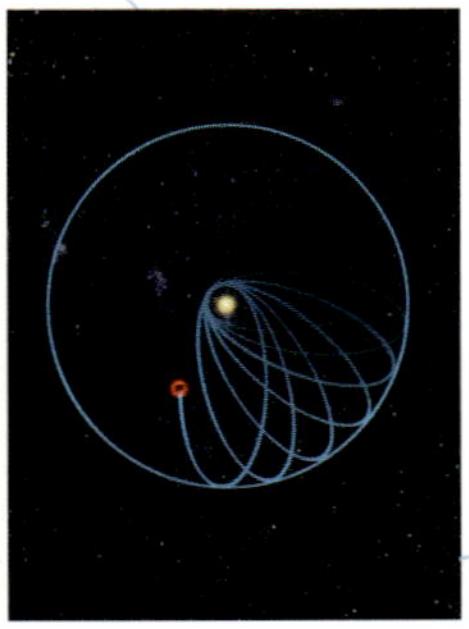

Précession de l'orbite de Mercure
À mesure que Mercure suit son orbite elliptique autour du Soleil, le grand axe de l'ellipse tourne lentement, accomplissant une rotation complète tous les 4 800 000 ans.

Une fois admis ce principe d'équivalence, nous pouvons commencer à épouser la logique d'Einstein et procéder à une nouvelle expérience de pensée qui nous montrera pourquoi le temps est forcément affecté par la gravitation. Imaginez un vaisseau spatial voyageant dans l'espace. Par commodité, imaginez-le d'une longueur telle que la lumière a besoin d'une seconde pour le traverser de haut en bas. Enfin, supposez qu'il y ait un observateur au plafond du vaisseau et un autre au sol, chacun disposant d'horloges identiques qui émettent un bip à chaque seconde.

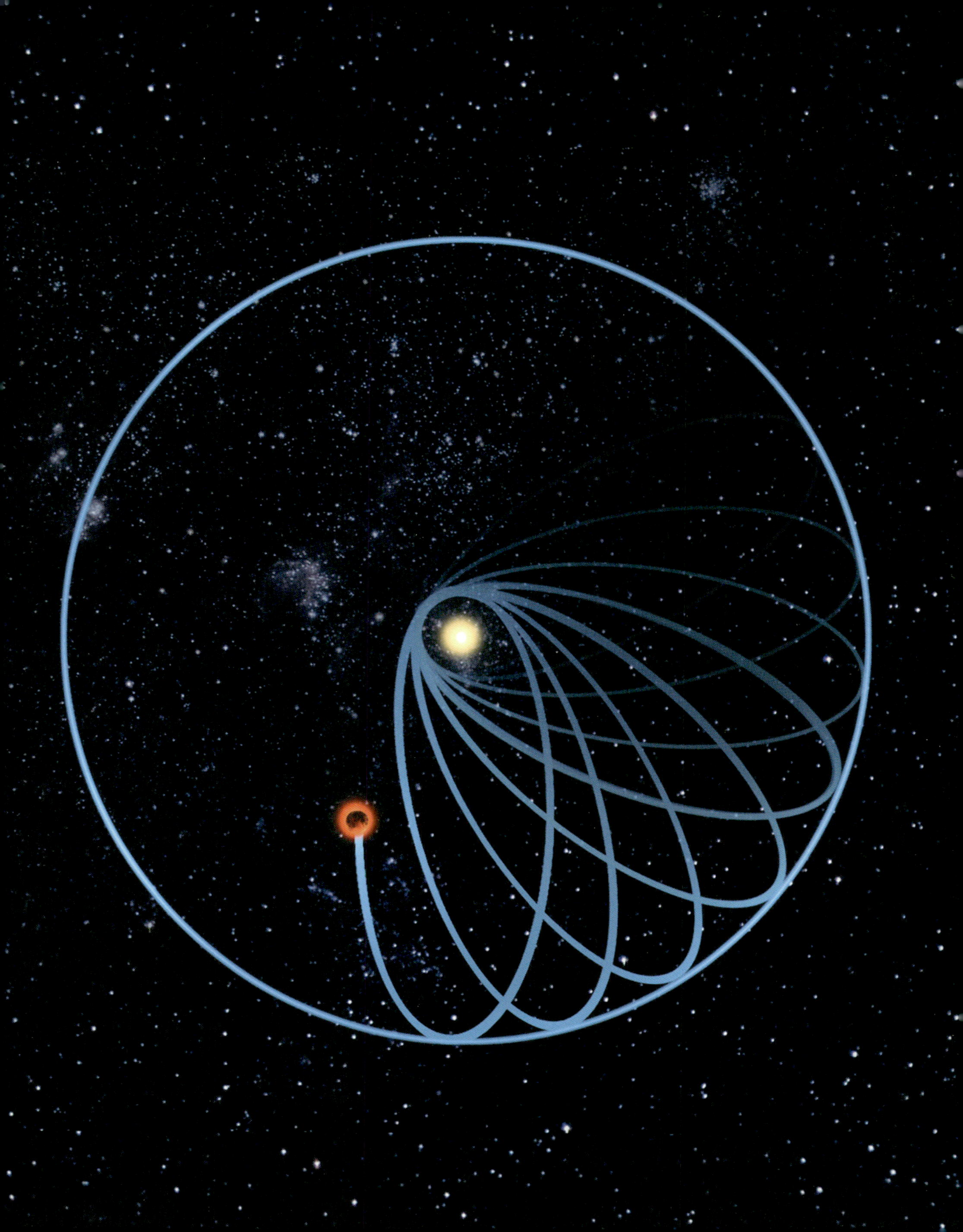

Déviation de la lumière près du Soleil
Quand le Soleil se trouve entre la Terre et une étoile lointaine, son champ gravitationnel dévie la lumière de l'étoile, ce qui modifie sa position apparente pour un observateur terrestre.

L'observateur posté au plafond attend un bip de l'horloge pour envoyer aussitôt un signal lumineux à l'observateur au sol, et il répète l'opération au bip suivant. Dans cette configuration, chaque signal voyagera une seconde avant d'être reçu par l'observateur au sol. Si le premier envoie deux signaux lumineux à une seconde d'intervalle, le second les reçoit également à une seconde d'intervalle.

En quoi la situation différerait-elle si le vaisseau se trouvait sur Terre, sous l'influence de la gravitation ? Selon la théorie de Newton, la force de gravitation ne modifie en rien la situation. Si un observateur envoie deux signaux à une seconde d'intervalle, ils seront reçus à une seconde d'intervalle. Mais le principe d'équivalence modifie cette prédiction. En examinant maintenant ce qui se produit si l'on considère l'effet d'une accélération uniforme et non plus celui de la gravitation, nous aurons un exemple de la façon dont Einstein se servit du principe d'équivalence pour définir sa théorie de la relativité.

Supposez que le vaisseau spatial accélère, mais sans que sa vitesse se rapproche trop de celle de la lumière. Puisqu'il se déplace vers le haut, le premier signal aura moins de distance à parcourir que dans la situation précédente et mettra donc moins d'une seconde pour arriver à destination. Si le vaisseau avançait à vitesse constante, le deuxième signal mettrait exactement le même temps et l'intervalle entre la réception des deux signaux serait toujours d'une seconde. Mais, en raison de l'accélération, la vitesse du vaisseau sera plus grande au moment de l'envoi du deuxième signal, si bien que celui-ci aura encore moins de distance à parcourir que le premier et arrivera plus tôt. L'observateur posté au sol mesurera moins d'une seconde entre les deux signaux et sera en désaccord avec son collègue, qui, lui, prétendra les avoir envoyés à une seconde d'intervalle.

L'exemple d'un vaisseau en accélération n'est peut-être pas assez surprenant — après tout, nous venons de trouver l'explication ! Mais, souvenez-vous, le principe d'équivalence vaut également pour un vaisseau immobile dans un champ gravitationnel. Imaginez cette fois un vaisseau à l'arrêt sur une aire de lancement : si l'observateur au plafond envoie des signaux vers le sol à une seconde d'intervalle (selon sa propre horloge), l'observateur au sol les recevra à des intervalles plus courts (selon sa propre horloge). N'est-ce pas ahurissant ?!

Le lecteur incrédule se demandera si la gravitation modifie le temps ou détraque les horloges. Supposez que l'observateur au sol grimpe au plafond afin de comparer son horloge à celle de son collègue. Celles-ci sont bel et bien identiques et les deux hommes tomberont

De même que la relativité restreinte nous enseigne que le temps s'écoule

d'accord sur ce qu'est une seconde. L'horloge de l'observateur au sol fonctionne très bien et mesure parfaitement l'écoulement du temps où qu'elle soit.

De même que la relativité restreinte nous enseigne que le temps s'écoule différemment pour des observateurs se déplaçant à des vitesses différentes, la relativité générale nous apprend que le temps ne s'écoule pas de manière identique pour des observateurs se trouvant dans des champs gravitationnels différents. Selon la relativité générale, si l'intervalle de temps est plus court pour l'observateur au sol, c'est parce que le temps s'écoule plus lentement quand on se rapproche de la surface de la Terre, car la gravitation y est plus forte. Plus le champ gravitationnel sera fort, plus l'effet sera important. Les lois du mouvement de Newton mirent fin à l'idée d'une position absolue dans l'espace ; la relativité générale rompt avec celle d'un temps qui serait le même en tout point de l'espace.

Cette prédiction fut testée en 1962 à l'aide de deux horloges très précises installées respectivement au sommet et au pied d'un château d'eau. On constata que l'horloge du bas, plus proche de la Terre, avançait plus lentement, en parfaite concordance avec la relativité générale. La différence est infime : par exemple, une horloge placée à la surface du Soleil n'avancerait que d'une minute par an par rapport à une horloge se trouvant sur Terre. Toutefois, depuis l'avènement de systèmes de navigation d'une extrême précision (GPS) fondés sur des signaux émis par des satellites, cette différence de vitesse des horloges à différentes altitudes est d'une importance pratique considérable. Si l'on n'en tenait pas compte dans les calculs, on aboutirait à des erreurs de plusieurs kilomètres.

Nos horloges biologiques sont elles aussi affectées par ces changements dans l'écoulement du temps. Imaginez des jumeaux : supposez que l'un aille vivre au sommet d'une montagne tandis que l'autre demeure au niveau de la mer. Le premier vieillirait plus vite que le second. Quand ils se reverraient, l'un serait donc plus âgé que l'autre. Dans ce cas précis, la différence d'âge serait minime, mais elle deviendrait beaucoup plus importante si l'un d'eux partait pour un long voyage à bord d'un vaisseau spatial naviguant à une vitesse proche de celle de la lumière. À son retour, il serait vraiment beaucoup plus jeune que celui demeuré sur Terre. C'est ce qu'on appelle le paradoxe des jumeaux, mais cette conclusion n'est paradoxale que si vous avez en tête l'idée d'un temps absolu. Dans la relativité, il n'y a pas de temps absolu : au contraire, chaque observateur a sa mesure du temps, qui dépend de l'endroit où il se trouve et de sa façon de se déplacer.

Avant 1915, on se figurait l'espace et le temps comme une arène fixe dans laquelle se produisaient des événements qui ne l'affectaient en rien. La situation a bien changé avec la théorie de la relativité générale. L'espace et le temps sont devenus des entités dynamiques : quand un corps se déplace, ou quand une force agit sur lui, cela influe sur la courbure de l'espace et du temps — et, en retour, la structure de l'espace-temps influe sur la façon dont les corps se déplacent et dont les forces agissent. L'espace et le temps affectent, et sont affectés, par tout ce qui se passe dans l'Univers. Il n'est dès lors plus possible de parler de l'espace et du temps en dehors des limites de l'Univers. Dans les décennies qui suivirent l'année 1915, cette nouvelle compréhension de l'espace et du temps allait révolutionner notre vision de l'Univers. L'idée d'un Univers essentiellement immuable, d'un Univers qui aurait toujours existé et continuerait d'exister tel que nous l'observons, fut écartée au profit d'un Univers dynamique, en expansion, ayant un âge fini et qui pourrait avoir une fin dans l'avenir.

07

L'expansion de l'univers

Si vous observez le ciel par une nuit claire et sans lune, les corps les plus brillants que votre œil distinguera seront sans doute les planètes Vénus, Mars, Jupiter et Saturne. Vous remarquerez aussi une multitude d'étoiles qui ressemblent en tout point à notre Soleil mais sont beaucoup plus lointaines. Certaines de ces étoiles fixes, celles qui sont relativement proches de nous, semblent modifier leur position les unes par rapport aux autres. Pourquoi ? Non parce qu'elles se déplacent, mais parce que nous bougeons par rapport à elles. Tandis que la Terre tourne autour du Soleil, nous voyons ces étoiles les plus proches à partir de positions différentes, alors que les étoiles plus lointaines demeurent fixes pour nous. Vous observez le même effet quand vous roulez sur une route dégagée : les positions relatives des arbres les plus proches semblent se modifier par rapport à l'arrière-plan. Plus les arbres sont proches, plus ils ont l'air de bouger. Ce changement de la position relative des corps est appelé parallaxe. Dans le cas des étoiles, cette parallaxe nous est d'une grande utilité, car elle nous permet de mesurer directement la distance qui les sépare de nous.

Rappelons que l'étoile la plus proche de la Terre, Proxima du Centaure, se trouve à une distance d'environ quatre années-lumière, soit trente-cinq millions de millions de kilomètres. La plupart des autres étoiles visibles à l'œil nu sont situées à quelques centaines d'années-lumière. Notre Soleil, par comparaison, ne se trouve qu'à huit minutes-lumière ! Les étoiles visibles semblent disséminées sur toute la voûte céleste, mais se concentrent sur une large bande appelée Voie lactée. Dès le milieu du XVIIIe siècle, certains astronomes ont suggéré, pour rendre compte de l'apparence de la Voie lactée, que les étoiles visibles pourraient se trouver dans une configuration en forme de disque, à l'image de ce que nous appelons aujourd'hui une galaxie spirale. À peine quelques décennies plus tard, l'astronome sir William Herschel confirma cette hypothèse en répertoriant scrupuleusement les positions et les distances d'un grand nombre d'étoiles. Mais il fallut attendre le tout début du XXe siècle pour que cette conception soit pleinement acceptée. Nous savons aujourd'hui que la Voie lactée — notre galaxie — a un diamètre d'environ cent mille années-lumière et qu'elle tourne lentement sur elle-même, si lentement qu'il faut plusieurs centaines de millions d'années pour que les étoiles de ses bras spiraux décrivent une pleine orbite autour de son centre. Notre Soleil n'est qu'une étoile ordinaire, jaune et de taille moyenne, située tout près du bord intérieur de l'un des bras spiraux. Quel chemin parcouru depuis Aristote et Ptolémée, quand on croyait que la Terre était le centre de l'Univers !

Notre conception moderne de l'Univers date tout juste de 1924, lorsque l'astronome américain Edwin Hubble démontra que la Voie lactée n'était pas la seule galaxie dans l'Univers. En réalité, il en découvrit beaucoup d'autres, séparées entre elles par d'immenses zones d'espace vide. Pour le prouver, il lui fallait calculer les distances séparant la Terre de ces autres galaxies — galaxies tellement lointaines que leurs positions paraissaient fixes, contrairement à celles des étoiles proches. Puisqu'il ne pouvait se servir de la parallaxe, Hubble fut obligé de recourir à des méthodes indirectes afin de calculer les distances de ces galaxies. Une des mesures évidentes de la distance d'une étoile est sa brillance. Or cette brillance apparente ne dépend pas uniquement de sa distance, mais aussi de la quantité de lumière qu'elle irradie (sa luminosité). Une étoile de faible intensité lumineuse peut nous apparaître beaucoup plus brillante que l'étoile la plus éclatante se trouvant dans une galaxie éloignée. Aussi nous faudra-t-il connaître la luminosité d'une étoile si nous voulons calculer sa distance à partir de la mesure de sa brillance.

La luminosité des étoiles proches peut se calculer à partir de leur brillance apparente, puisque leur parallaxe nous permet de connaître leur distance. Hubble avait déjà constaté que les étoiles pouvaient être classées en catégories, selon leur rayonnement lumineux — toutes les étoiles d'un type donné possédant la même luminosité. Il en déduisit que si l'on retrouvait tel type d'étoiles dans des galaxies lointaines, on pouvait supposer qu'elles possédaient la même luminosité que des étoiles proches semblables. Cette information permettait donc de calculer la distance qui nous sépare de cette galaxie. Et si, en effectuant ce calcul pour un certain nombre d'étoiles dans la même galaxie, nous obtenions toujours la même distance, nous pourrions, sans trop de crainte, faire confiance à nos estimations. C'est de cette manière qu'Edwin Hubble calcula les distances de neuf galaxies.

Aujourd'hui, nous savons que les étoiles visibles à l'œil nu ne représentent qu'une infime partie de l'ensemble des étoiles : environ 5 000 étoiles, soit un cent millième environ du nombre total d'étoiles de notre seule galaxie, la Voie lactée. La Voie lactée elle-même ne représente qu'une galaxie parmi les quelque cent milliards de galaxies visibles grâce à nos télescopes. Et chaque galaxie contient en moyenne cent milliards d'étoiles. Si une étoile était un grain de sel, la totalité des étoiles visibles à l'œil nu pourrait tenir dans une cuillère à café, mais il faudrait une sphère de plus de douze kilomètres de diamètre pour contenir toutes les étoiles-grains de sel de l'Univers.

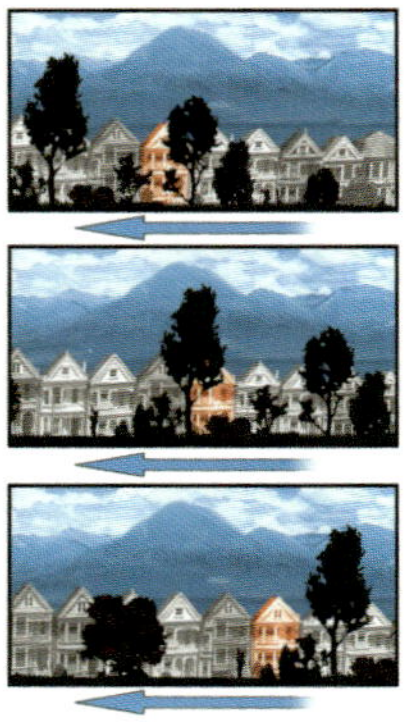

La mesure de la parallaxe
Si vous vous déplacez sur une route ou dans l'espace, la position relative des corps proches ou lointains change à mesure que vous avancez. La mesure de ce changement peut servir à déterminer la distance relative des corps.

Les étoiles sont situées à des distances si gigantesques qu'elles nous apparaissent tels de simples points lumineux. Nous ne pouvons percevoir leur taille ou leur forme. Les nombreux types d'étoiles sont répertoriés grâce à la couleur de leur lumière. Newton avait découvert que si l'on fait passer la lumière du Soleil à travers un prisme, cette lumière se décompose en ses couleurs de base, comme dans un arc-en-ciel. Les intensités relatives des différentes couleurs émises par une source de lumière constituent ce qu'on appelle son spectre. En pointant un télescope sur une seule étoile ou sur une galaxie, il est possible d'observer le spectre de cette étoile ou de cette galaxie.

Cette lumière nous informe entre autres sur la température. Chacun sait que le charbon rougit quand on le chauffe. En 1860, le physicien Gustav Kirchhoff remarqua que tout corps (étoiles comprises), lorsqu'on le chauffe, émet de la lumière et que cette lumière ne dépend pas de sa nature ou du matériau qui le compose. La lumière rayonnée est due au mouvement thermique des atomes qui constituent ce corps. C'est ce qu'on appelle le rayonnement de corps noir, bien que le corps ne soit pas noir du tout. Ce rayonnement a ceci de particulier que son spectre ne dépend que de la température du corps qui l'émet. La lumière émise par un corps chaud fait de lui une sorte de thermomètre. Le spectre provenant des différentes étoiles a toujours le même aspect : il permet donc une véritable cartographie de l'état thermique d'une étoile.

Le spectre d'une étoile
En analysant les différentes couleurs de la lumière émise par une étoile, on peut déterminer sa température et connaître la composition de son atmosphère.

En l'observant plus attentivement, la lumière stellaire nous fournit d'autres informations. On y remarque l'absence de certaines couleurs bien particulières qui peuvent varier d'une étoile à l'autre. Sachant que chaque élément chimique absorbe un ensemble défini de couleurs spécifiques, il suffit de repérer les couleurs manquantes dans le spectre d'une étoile pour connaître les éléments présents dans son atmosphère.

Le spectre d'un corps noir
Tous les corps, et notamment les étoiles, émettent un rayonnement produit par le mouvement thermique de leurs constituants microscopiques. La distribution des fréquences de ce rayonnement, c'est-à-dire son spectre, est caractéristique de la température du corps qui l'émet.

En 1920, lorsque les astronomes se mirent à observer les spectres des étoiles d'autres galaxies, ils firent une découverte étonnante : les couleurs manquantes sont les mêmes que pour les étoiles de notre galaxie, mais toutes sont décalées vers la zone rouge du spectre. Ce décalage de couleur ou de fréquence s'appelle l'effet Doppler. Il nous est familier dans le domaine sonore. Écoutez le bruit d'une voiture passant sur la route : à mesure qu'elle s'approche, son moteur, ou son Klaxon, émet un son aigu, qui devient grave à mesure qu'elle s'éloigne. Le bruit du moteur ou du Klaxon est une onde, c'est-à-dire une succession de crêtes et de creux. (Souvenons-nous qu'on appelle longueur d'onde la distance qui sépare deux crêtes ou deux creux.) Quand une voiture roule dans notre direction, elle se rapproche en émettant une série d'ondes, de sorte que la distance entre les crêtes successives (c'est-à-dire la longueur d'onde du son) est plus courte que si la voiture était à l'arrêt. Plus la longueur d'onde est courte, plus rapide est la fréquence à laquelle ces fluctuations parviennent à nos oreilles, et plus aigu est le son. De même, si la voiture s'éloigne, la longueur d'onde est plus grande et les ondes parviennent à nos oreilles avec une fréquence plus basse. Plus la voiture roule vite, plus l'effet est important, ce qui permet d'utiliser l'effet Doppler pour calculer une vitesse. Le comportement des ondes lumineuses ou des ondes radio est similaire. La police n'hésite pas à utiliser l'effet Doppler pour calculer la vitesse des voitures en mesurant la longueur d'onde des impulsions d'ondes radio qu'elles renvoient.

Dans le chapitre 5, nous avons vu que les longueurs d'onde présentes dans la lumière visible sont comprises entre 0,4 et 0,8 millionième de mètre. Les différentes longueurs d'onde de la lumière correspondent aux différentes couleurs visibles par l'œil humain — les ondes les plus longues apparaissant à l'extrémité rouge du spectre, les plus courtes à l'extrémité bleue. Imaginez maintenant une source lumineuse située à une certaine distance de nous, comme une étoile, et émettant des ondes lumineuses de longueur d'onde constante. La longueur d'onde des ondes reçues est identique à celle des ondes émises. Supposez maintenant que cette source de lumière s'éloigne de nous. Comme pour le son, la lumière que nous recevrons aura une longueur d'onde plus grande et le spectre de l'étoile se décalera vers le rouge.

Dans les années qui suivirent sa découverte d'autres galaxies, Hubble mesura leurs spectres et calcula leurs distances. À cette époque, presque tout le monde pensait que les galaxies se déplaçaient plus ou moins au hasard dans l'espace et Hubble s'attendait à trouver autant de spectres décalés vers le rouge que de spectres décalés vers le bleu.

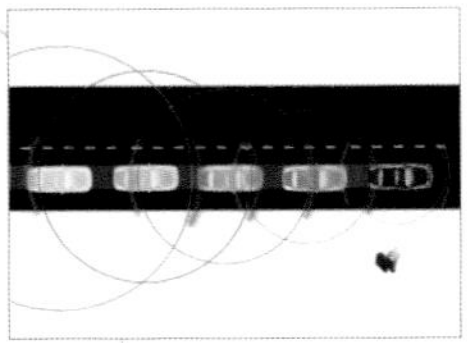

L'effet Doppler
Quand une source d'ondes se rapproche d'un observateur, la longueur d'onde de ses ondes est plus courte. Si la source s'éloigne, ses ondes ont une longueur d'onde plus grande. C'est ce qu'on appelle l'effet Doppler.

Mais il fut surpris de constater que la plupart des galaxies se décalent vers le rouge : presque toutes s'éloignent de nous ! La conclusion qu'il publia en 1929 fut plus surprenante encore : l'ampleur du décalage vers le rouge d'une galaxie est directement proportionnelle à la distance qui nous sépare d'elle. En d'autres termes, plus une galaxie est éloignée, plus elle se déplace vite ! Ce qui implique que notre Univers n'est pas statique et que ses dimensions ne sont pas invariables, contrairement à ce qu'on avait toujours cru. Et, de fait, l'Univers est en expansion : la distance entre les différentes galaxies ne cesse d'augmenter.

Découvrir que l'Univers est en expansion fut l'une des révolutions scientifiques du XXe siècle. *A posteriori*, il est facile de s'étonner de ce que personne n'y ait songé avant. Newton et tous les autres auraient dû se rendre compte qu'un Univers stationnaire serait forcément instable, puisque aucune force répulsive ne viendrait contrebalancer l'attraction gravitationnelle que toutes les étoiles et galaxies exercent les unes sur les autres. C'est pourquoi l'Univers ne pouvait demeurer statique, si tant est qu'il l'ait été un jour, puisque cette attraction mutuelle des étoiles et galaxies aurait provoqué leur concentration progressive dans une zone limitée de l'espace. En fait, si l'expansion de l'Univers était très lente, la force de gravitation finirait par y mettre un terme et il commencerait à se contracter. En revanche, si l'expansion dépassait un certain seuil de vitesse, la gravitation ne serait jamais assez forte pour l'arrêter et l'Univers continuerait à s'expandre indéfiniment. C'est un peu ce qui se passe quand on envoie une fusée dans l'espace : si elle décolle trop lentement, la force de gravitation finit par arrêter sa course et la fusée retombe. En revanche, si la fusée dépasse un certain seuil de vitesse (environ douze kilomètres par seconde), la force de gravitation n'est pas assez forte pour la faire retomber et la fusée s'éloigne de la Terre.

Ce comportement de l'Univers aurait pu être prédit dès le XIXe, XVIIIe et même XVIIe siècle, à partir de la théorie de la gravitation de Newton. Mais la conviction que l'Univers était statique était si enracinée dans les esprits qu'elle persista jusqu'au siècle dernier. Einstein lui-même, lorsqu'il formula sa théorie de la relativité générale en 1915, était tellement convaincu du caractère statique de l'Univers qu'il modifia sa théorie dans le seul but de la rendre compatible avec cette hypothèse, en introduisant dans ses équations un paramètre *ad hoc*, connu sous le nom de constante cosmologique. La constante cosmologique est en quelque sorte une force d'« antigravitation » qui, contrairement aux autres forces, est liée à la structure même de l'espace-temps. En raison de cette nouvelle force, l'espace-temps a une tendance à se dilater inhérente à lui-même.

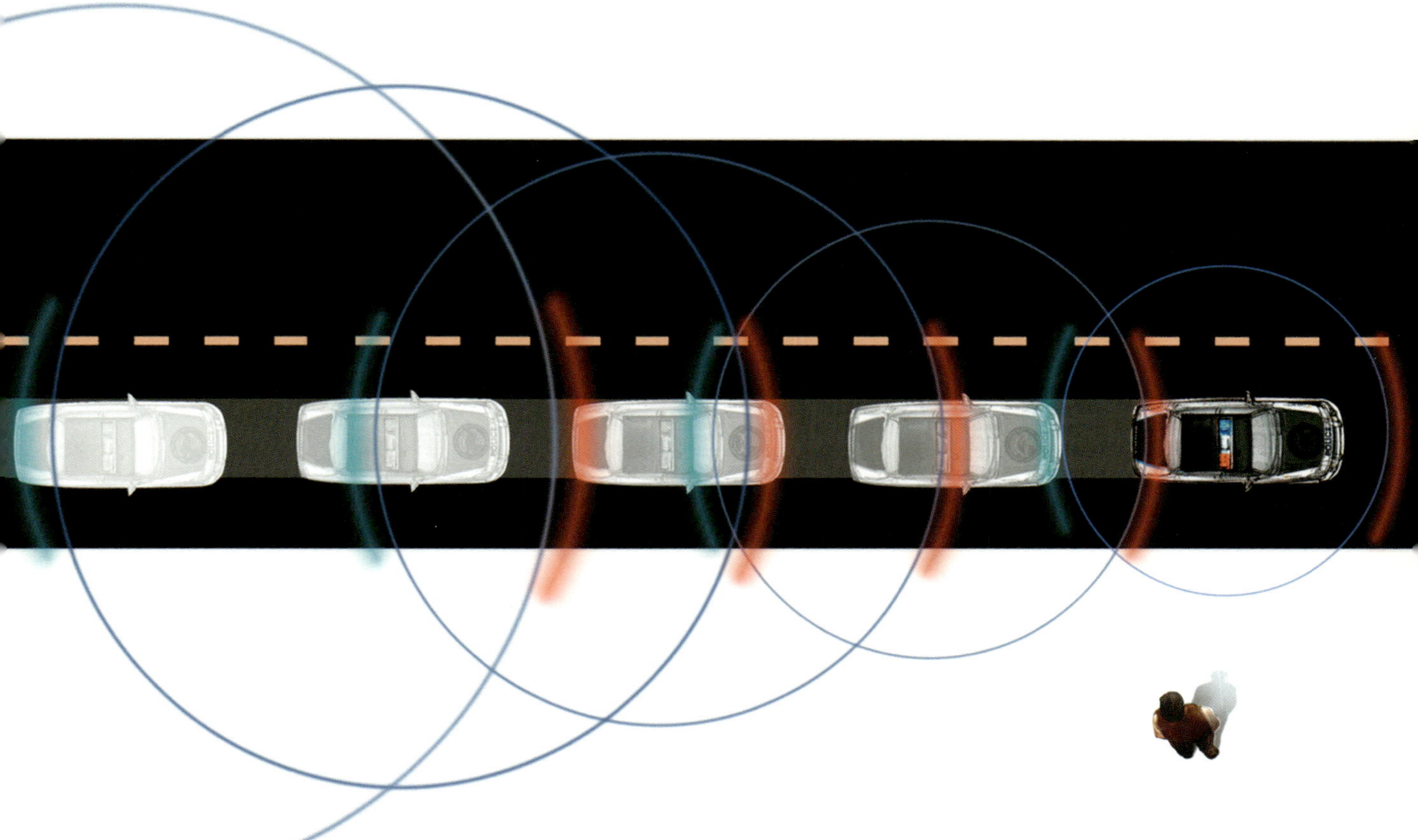

En ajustant la valeur de cette constante cosmologique, Einstein se rendit compte qu'il pouvait réguler cette tendance à l'expansion de manière qu'elle contrebalance exactement l'attraction mutuelle de tous les corps dans l'espace, de telle sorte que l'Univers devenait stationnaire. Par la suite, il désavoua cette constante cosmologique, la considérant comme sa « plus grande erreur ». Mais nous avons aujourd'hui quelque raison de penser qu'il n'avait pas tout à fait tort d'introduire ce paramètre. Ce qu'il jugeait sans doute le plus impardonnable, c'était que sa croyance en un Univers stationnaire ait pu l'emporter sur ce que sa théorie semblait prédire : un Univers en expansion. Un homme, semble-t-il, était prêt à prendre cette prédiction de la relativité générale au pied de la lettre : le physicien et mathématicien russe Alexandre Friedman.

Alors même qu'Einstein cherchait un moyen d'écarter l'hypothèse d'un univers instable établie par la relativité générale, Friedman décida au contraire d'en trouver l'explication.

Friedman émit deux hypothèses simples : l'Univers a le même aspect, en moyenne, quelle que soit la direction dans laquelle nous regardons, et cet aspect est le même quel que soit le point de l'espace à partir duquel nous l'observons. Sur la base de ces deux seules hypothèses et en résolvant les équations de la relativité générale, il démontra que nous ne pouvions pas nous attendre à trouver un Univers stationnaire. En fait, dès 1922, Friedman avait prédit exactement ce que Hubble allait trouver des années plus tard !

Cette hypothèse d'un Univers qui a le même aspect dans toutes les directions ne correspond pas tout à fait à la réalité. Ainsi, les étoiles de notre galaxie sont concentrées dans une bande de lumière appelée Voie lactée. Mais, si l'on prend en compte les galaxies plus lointaines, le nombre d'étoiles semble être, en moyenne, le même partout. Ainsi, à condition que nous l'observions à grande échelle et que nous négligions les différences à petite échelle, l'Univers a vraiment l'air d'être le même dans toutes les directions. Imaginez que vous vous trouviez dans une forêt dont les arbres poussent un peu n'importe où. Si vous regardez dans une certaine direction, l'arbre le plus proche peut vous sembler à un mètre de distance ; dans une autre, à trois mètres ; dans une autre encore, votre regard peut tomber sur un groupe d'arbres situés à deux mètres. Apparemment, la forêt n'a pas le même aspect dans toutes les directions, mais si vous deviez prendre en compte tous les arbres se trouvant dans un rayon de plus d'un kilomètre, ces différences s'annule-

Friedman émit deux hypothèses simples : l'Univers a le même aspect

raient et vous auriez l'impression que la forêt est la même dans toutes les directions.

Pendant longtemps, la répartition uniforme des étoiles a suffi pour justifier l'hypothèse de Friedman — comme une approximation assez grossière. Mais, plus récemment, une découverte accidentelle révéla que cette hypothèse correspondait en fait à une description des plus exactes de notre Univers. En 1965, deux physiciens américains des Bell Telephone Laboratories (New Jersey), Arno Penzias et Robert Wilson, testaient un détecteur de micro-ondes (les micro-ondes ont une longueur d'onde d'environ un centimètre) quand ils constatèrent, inquiets, que celui-ci captait plus de bruit qu'ils ne l'avaient envisagé. En ouvrant l'appareil, ils éliminèrent quelques fientes d'oiseaux et prirent soin de vérifier qu'il n'y avait pas de dysfonctionnement. La particularité de ce bruit était d'être constant, jour et nuit et tout au long de l'année, alors même que la Terre tourne sur son axe et autour du Soleil. (Cette rotation conduit le détecteur à pointer obligatoirement dans différentes directions de l'espace.) Penzias et Wilson en conclurent que le bruit provenait de régions situées au-delà de notre système solaire, voire au-delà de notre galaxie. Il semblait provenir de toutes les directions. Aujourd'hui, nous savons que, quelle que soit la direction dans laquelle on pointe le détecteur, les fluctuations du bruit sont extrêmement faibles : ainsi, Penzias et Wilson étaient tombés par hasard sur une illustration exemplaire de la première hypothèse de Friedman.

Quelle est donc l'origine de ce bruit de fond cosmique ? À peu près à la même époque, deux autres physiciens américains de l'université de Princeton, Bob Dicke et Jim Peebles, qui s'intéressaient aussi aux micro-ondes, travaillaient sur une hypothèse de George Gamow (ex-étudiant de Friedman) suggérant que l'Univers primordial avait dû être extrêmement chaud et dense — chauffé à blanc, en quelque sorte. Dicke et Peebles soutenaient que nous devrions encore être en mesure de voir le rayonnement de l'Univers primordial, car la lumière des zones les plus éloignées commençait seulement à nous parvenir. Cependant, l'expansion de l'Univers impliquait un tel décalage de cette lumière vers le rouge qu'elle nous apparaîtrait sous forme de rayonnement micro-ondes plutôt que sous celle de lumière visible. Dicke et Peebles s'apprêtaient donc à chercher ce rayonnement lorsque Penzias et Wilson eurent vent de leurs travaux et comprirent qu'ils venaient de le trouver. Cette découverte leur valut le prix Nobel en 1978, ce qui fut quelque peu vexant pour Dicke et Peebles ; Gamow, lui, était mort dix ans auparavant.

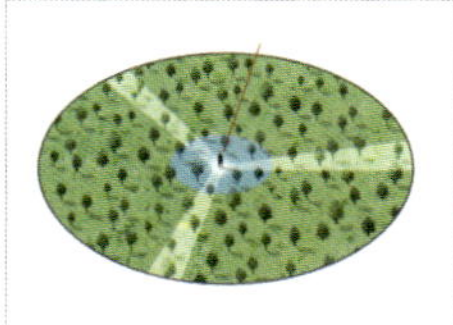

L'isotropie de la forêt
Même si les arbres d'une forêt sont uniformément répartis, les plus proches peuvent apparaître groupés. De la même manière, l'Univers ne paraît pas uniforme dans notre voisinage le plus proche, alors qu'il nous semble partout pareil à plus grande échelle.

À première vue, cette similitude apparente de l'Univers quelle que soit la direction de notre regard laisserait supposer que nous y occupons une place spécifique. Plus précisément, si nous voyons les autres galaxies s'éloigner sans cesse de nous, cela signifie que nous devons nous trouver au centre. Il y a cependant une alternative : l'Univers, vu de n'importe quelle autre galaxie, offrirait le même aspect, selon la seconde hypothèse de Friedman.

Aucune preuve scientifique n'est jamais venue confirmer ou infirmer cette seconde hypothèse. Il y a quelques siècles, l'Église aurait considéré cette supposition comme une hérésie puisque nous étions censés occuper *réellement* une place spécifique au centre de l'Univers. De nos jours, en revanche, nous croyons à l'hypothèse de Friedman pour des raisons presque inverses, par modestie en quelque sorte : il serait en effet bien extraordinaire que ce soit seulement vu de la Terre — et non de tout autre point dans l'Univers — que celui-ci présente le même aspect dans toutes les directions !

Dans le modèle de Friedman, toutes les galaxies s'éloignent les unes des autres. On pourrait comparer cette situation à un ballon orné d'un certain nombre de taches peintes et qu'on gonfle progressivement. À mesure que le volume du ballon augmente, la distance entre les taches augmente elle aussi, mais aucune d'elles ne peut être considérée comme le centre à partir duquel se produit l'expansion. Et tandis que le rayon du ballon s'accroît régulièrement, les taches s'éloignent de plus en plus les unes des autres, à une vitesse de plus en plus élevée. Supposons, par exemple, que le rayon du ballon double en une seconde : deux taches situées au départ à un centimètre l'une de l'autre se retrouveront à deux centimètres — ce qui leur donne une vitesse relative d'un centimètre par seconde. Par contre, deux taches initialement éloignées de dix centimètres le seront désormais de vingt et leur vitesse relative sera donc de dix centimètres par seconde.

De même, dans le modèle de Friedman, la vitesse à laquelle deux galaxies s'éloignent l'une de l'autre est proportionnelle à la distance qui les sépare — hypothèse qui lui permit d'avancer que le décalage vers le rouge d'une galaxie devait être directement proportionnel à la distance qui la sépare de nous, ainsi que le découvrirait Hubble. En dépit de la validité de son modèle confirmée par les observations de Hubble, le travail de Friedman demeura longtemps ignoré en Occident. C'est seulement en 1935 que le physicien américain Howard Robertson et le mathématicien anglais Arthur Walker élaborèrent à leur tour des modèles analogues pour rendre compte de la découverte de l'expansion de l'Univers par Hubble.

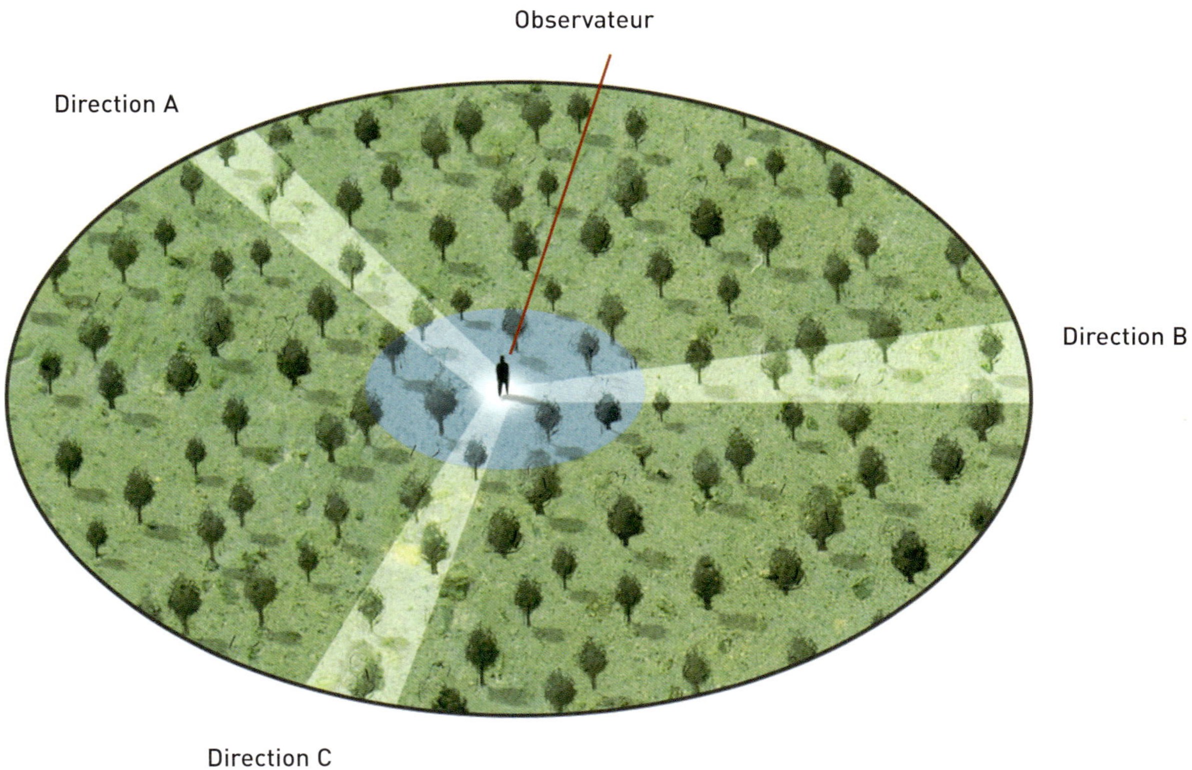
Observateur
Direction A
Direction B
Direction C

Laquelle de ces variantes décrit notre Univers? Celui-ci va-t-il cesser

Friedman ne proposa qu'un seul modèle de l'Univers. Pourtant, si ses hypothèses sont justes, il pourrait y avoir trois types de solutions aux équations d'Einstein, c'est-à-dire trois variantes du modèle de Friedman — qui correspondent à trois évolutions possibles de l'Univers.

Selon la première variante du modèle de Friedman, l'expansion de l'Univers est suffisamment lente pour que l'attraction gravitationnelle entre les différentes galaxies suffise à la ralentir jusqu'à l'arrêter complètement. Les galaxies se rapprochent alors les unes des autres et l'Univers se contracte. Dans la deuxième variante, l'expansion de l'Univers est si rapide que l'attraction gravitationnelle, tout en provoquant un léger ralentissement, est incapable de l'arrêter totalement. Enfin, troisième variante : la vitesse d'expansion est juste assez grande pour éviter l'effondrement. La vitesse à laquelle les galaxies s'éloignent les unes des autres diminue de plus en plus, sans jamais devenir nulle.

Dans la première variante du modèle de Friedman (c'est là un de ses aspects les plus remarquables), l'Univers n'est pas infini, mais l'espace n'a pas de limites. La gravitation y est si forte que l'espace se courbe sur lui-même. C'est un peu comme la surface de la Terre, qui est finie, mais néanmoins sans limites : si vous voyagez toujours dans la même direction à la surface du globe, vous ne rencontrerez jamais de barrière infranchissable, pas plus que vous ne tomberez par-dessus bord. Vous finirez par revenir à votre point de départ. Selon ce modèle, l'espace est en tout point semblable, mais il a trois dimensions et non plus seulement deux comme sur Terre. L'idée qu'il est possible de faire le tour de l'Univers et de revenir à son point de départ peut donner un bon sujet de science-fiction, mais n'a guère de portée pratique, car il est facile de démontrer que l'Univers se serait complètement effondré sur lui-même avant que vous en ayez fait le tour. La taille de l'Univers est si énorme qu'il vous faudrait voyager plus vite que la lumière pour pouvoir retourner à votre point de départ avant que l'Univers arrive à son terme — et c'est interdit ! Dans la deuxième variante, l'espace est également courbe, mais d'une autre manière. Seule la troisième variante nous offre un Univers plat à grande échelle (même si l'espace est courbé quand il se trouve à proximité de corps massifs).

Alors, laquelle de ces variantes décrit notre Univers? Celui-ci va-t-il cesser de s'expandre avant de se contracter ou bien s'expandra-t-il à jamais?

La réponse à cette question se révèle bien plus complexe que les scientifiques ne l'avaient d'abord cru. L'analyse la plus élémentaire dépend de deux facteurs : le taux actuel d'expansion de l'Univers et la densité moyenne (quantité de matière dans un volume d'espace donné). Plus le taux d'expansion sera rapide, plus grande devra être la force gravitationnelle nécessaire pour l'arrêter, et donc plus importante la densité de matière requise. Si la densité moyenne est supérieure à un certain taux critique (déterminé par le taux d'expansion), l'attraction gravitationnelle de la matière de l'Univers suffira à arrêter son expansion et provoquera ensuite sa contraction, selon le premier modèle de Friedman. Si la densité moyenne est inférieure au taux critique, la force de gravitation ne suffit plus pour mettre fin à l'expansion et l'Univers s'expand indéfiniment — selon la deuxième variante. Si la densité moyenne est exactement égale à la densité critique, l'Univers ne cessera de ralentir son expansion en se rapprochant de plus en plus d'une taille stationnaire, sans jamais l'atteindre — ce qui correspond à la troisième variante de Friedman.

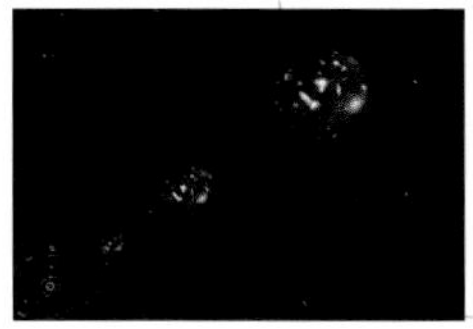

L'expansion du ballon Univers
Du fait de l'expansion de l'Univers, toutes les galaxies s'éloignent les unes des autres. Avec le temps, à l'image de taches sur un ballon qu'on gonfle, les galaxies les plus éloignées les unes des autres voient la distance qui les sépare s'accroître plus rapidement que celles des galaxies plus proches. C'est pourquoi, pour un observateur se trouvant dans une galaxie donnée, plus une autre galaxie sera éloignée, plus vite elle lui semblera se déplacer.

Donc, laquelle est la bonne? Il est possible, en utilisant l'effet Doppler, de calculer le taux actuel d'expansion en mesurant les vitesses auxquelles les autres galaxies s'éloignent de nous. Ces calculs peuvent être effectués avec une grande exactitude. Cependant, les distances qui nous séparent des galaxies ne sont pas connues avec précision, car elles ne sont mesurées qu'indirectement. La seule chose que nous sachions, c'est que l'Univers se dilate d'environ 5 à 10 % chaque milliard d'années. Quant à notre incertitude concernant la densité moyenne actuelle de l'Univers, elle est plus grande encore. Malgré tout, si nous additionnons les masses de toutes les étoiles visibles à la fois dans notre galaxie et dans les autres, nous arrivons à un total inférieur à quelques centièmes de la quantité requise pour faire cesser l'expansion de l'Univers, même en se fondant sur l'estimation la plus basse du taux d'expansion.

Mais l'histoire ne finit pas là. Notre galaxie, comme toutes les autres, contient forcément une très grande quantité de matière noire, ou masse cachée, invisible directement, mais dont la présence est révélée par l'action gravitationnelle qu'elle exerce sur les orbites des étoiles.

La preuve la plus évidente nous en est fournie par les étoiles situées aux abords des galaxies spirales, comme notre Voie lactée. Ces étoiles parcourent leurs orbites à une vitesse beaucoup trop grande pour que lesdites orbites puissent être maintenues par la seule attraction gravitationnelle des étoiles galactiques observables. De plus, la plupart des galaxies sont regroupées en amas et nous pouvons là encore conclure à l'existence de davantage de matière noire entre les galaxies

de ces amas par l'effet qu'elle produit sur leur mouvement. En fait, dans l'Univers, la quantité de masse cachée est largement supérieure à la quantité de masse ordinaire. En faisant la somme de toute cette matière noire, nous parvenons à seulement 30 % de la masse requise pour arrêter l'expansion. Mais il se pourrait aussi qu'il existe d'autres formes de matière, distribuées presque uniformément dans tout l'Univers, matières non détectées à ce jour et susceptibles d'en augmenter encore la densité moyenne. Par exemple, il existe un type de particules élémentaires appelé neutrino, extrêmement difficile à détecter et qui interagit très faiblement avec la matière (on a dû recourir à un détecteur souterrain contenant 50 000 tonnes d'eau pour effectuer une expérience récente sur le neutrino !). On pensait jusqu'ici que le neutrino n'avait pas de masse et, par conséquent, pas d'attraction gravitationnelle, mais les expériences menées ces dernières années montrent qu'il en possède une, très faible par rapport à celle des autres particules et non décelée jusqu'à présent. Si les neutrinos possèdent une masse, ils contribuent donc à la matière noire. Mais, même en tenant compte de la matière noire du neutrino, il semble qu'il y ait vraiment moins de masse dans l'Univers qu'il n'en faudrait pour arrêter son expansion, et donc — jusqu'à une date très récente — la plupart des physiciens ont plutôt souscrit à la deuxième variante de Friedman.

Puis de nouvelles observations ont porté leurs fruits. Ces dernières années, plusieurs équipes de chercheurs ont étudié les fluctuations du fond de rayonnement micro-ondes découvert par Penzias et Wilson. L'amplitude de ces fluctuations permet de connaître la géométrie à grande échelle de l'Univers et semble indiquer que, tout compte fait, l'Univers est plat (comme dans la troisième variante de Friedman) ! Et comme, semble-t-il, la quantité de matière visible et de matière cachée est bien trop faible pour expliquer un tel résultat, les physiciens ont émis l'hypothèse de l'existence d'une autre substance non encore détectée : l'énergie noire.

Pour compliquer davantage les choses, d'autres observations récentes montrent que le taux d'expansion de l'Univers n'est pas du tout en train de ralentir, mais au contraire de s'accélérer.

Ce qui ne correspond à aucune des variantes de Friedman ! Phénomène d'autant plus étrange que le seul effet possible de la matière, qu'elle soit de faible ou de forte densité, ne peut être que de ralentir l'expansion, la gravitation étant toujours une force attractive.

Voir l'expansion cosmique s'accélérer est aussi étrange qu'entendre le souffle d'une bombe s'amplifier au lieu de se dissiper après l'explosion. Quelle force peut être responsable d'une telle accélération de l'expansion de l'Univers ? Personne n'a encore de réponse certaine, mais il se pourrait qu'Einstein, au bout du compte, ait eu raison de croire en la nécessité d'une constante cosmologique — dont nous nous souvenons qu'elle peut avoir des effets antigravitationnels.

Le développement rapide des nouvelles technologies et des télescopes satellitaires nous apprend un grand nombre de choses surprenantes. Nous sommes désormais en mesure de nous faire une idée assez juste de l'évolution future de l'Univers : il continuera à s'expandre dans des proportions toujours plus grandes. Il n'aura jamais de fin, du moins pour les êtres vivants qui seront assez prudents pour ne pas tomber dans un trou noir. Mais qu'en est-il de ses premiers instants ? Comment l'Univers est-il né et par quoi son expansion fut-elle provoquée ?

08

BIG BANG, TROUS noirs et l'évolution DE L'UNIVERS

Dans la première variante du modèle de Friedman, la quatrième dimension, le temps — de même que l'espace — n'est pas d'extension infinie. Elle est représentée par une ligne, qui a deux extrémités (ou frontières). Le temps a donc une fin et un commencement. En fait, toutes les solutions aux équations d'Einstein dans lesquelles l'Univers contient la quantité de matière correspondant à nos observations aboutissent à une constatation capitale : à un certain moment du passé, voilà environ 13,7 milliards d'années, la distance entre galaxies voisines a dû être nulle.

En d'autres termes, l'Univers était tout entier comprimé en un point unique, de volume nul, comme une sphère de rayon zéro. À cet instant, la densité de l'Univers et la courbure de l'espace-temps ont dû être infinies. C'est ce moment que nous appelons le big bang.

Nos théories cosmologiques sont toutes fondées sur l'hypothèse d'un espace-temps lisse et presque plat et viennent toutes buter sur le big bang : un espace-temps de courbure infinie peut difficilement être qualifié de presque plat ! S'il s'était produit des événements avant le big bang, on ne pourrait pas les utiliser pour expliquer ce qui s'est passé ensuite, puisque notre capacité de prédiction est déjà mise en défaut au moment même du big bang. De la même manière, connaître ce qui s'est produit depuis le big bang ne nous permet pas de savoir ce qui l'a précédé. Nous devrions donc écarter les événements antérieurs de toute élaboration d'un modèle de l'Univers et considérer que le big bang est le commencement du temps. Ce qui implique que des questions telles que « Qui a réalisé les conditions propices au big bang ? » ne concernent pas la science.

Dans un Univers de taille nulle, nous nous confrontons à une autre infinité : celle de la température. Lors du big bang, on pense que l'Univers a dû atteindre une température infinie. À mesure que l'Univers se dilatait, la température diminuait. Puisque la température n'est qu'une mesure de l'énergie moyenne — ou de la vitesse — des particules, le refroidissement de l'Univers a dû avoir un effet déterminant sur la matière qu'il contenait. À des températures très élevées, les particules se déplacent si vite qu'elles échappent à toute attraction des forces nucléaires et électromagnétiques, mais, l'Univers se refroidissant, on peut s'attendre que les particules aient fini par s'attirer et s'agglomérer. Même les types de particules qui existent dans l'Univers dépendent de la température, donc de l'âge de l'Univers.

Aristote ne croyait pas que la matière était constituée de particules. Selon lui, elle était continue et pouvait donc être divisée à l'infini : un grain de matière indivisible était quelque chose d'inconcevable. Néanmoins, certains Grecs, dont Démocrite, soutenaient que la matière était constituée de petits grains et tout corps, de nombreuses variétés d'atomes (en grec, le mot *atom* signifie « indivisible »). Nous savons aujourd'hui que c'est vrai — du moins pour ce qui est du monde qui nous entoure et au stade actuel de l'histoire de l'Univers. Mais les atomes de notre Univers n'ont pas toujours existé, ils ne sont pas indivisibles et ne représentent qu'une petite partie des différents types de particules présentes dans l'Univers.

Les atomes sont constitués de particules plus petites : les électrons, les protons et les neutrons. Protons et neutrons sont eux-mêmes composés de particules plus petites encore, les quarks. À chacune de ces particules subatomiques correspond une antiparticule. Les antiparticules ont la même masse que leurs particules associées, mais ont une charge électrique opposée. Ainsi, l'antiparticule de l'électron, appelée positron, a une charge positive, opposée à celle de l'électron. On pourrait imaginer l'existence d'antimondes, et d'antihommes, constitués d'antiparticules. Cependant, quand une particule et une antiparticule se rencontrent, elles s'annihilent. Donc, si jamais vous tombez nez à nez avec votre anti-vous, ne lui serrez pas la main ! Vous disparaîtriez tous les deux dans un grand éclair de lumière.

L'énergie lumineuse provient d'un autre type de particule, dépourvue de masse, nommée photon. C'est notre chaudron nucléaire le plus proche, le Soleil, qui constitue la plus grande source de photons pour la Terre. Il est aussi le pourvoyeur de particules d'un autre type, les neutrinos, ainsi que de leurs antiparticules, les antineutrinos. Mais ces particules extrêmement légères interagissent à peine avec la matière et nous traversent,

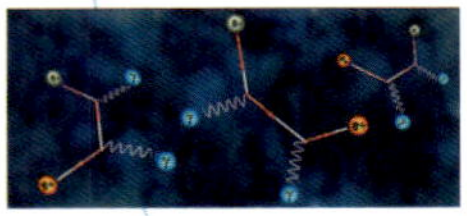

L'équilibre entre lumière, matière et antimatière
Dans l'Univers primordial, les collisions d'électrons et de positrons créaient des photons. Le processus inverse était également possible et l'ensemble de ces réactions s'équilibrait. À mesure que la température de l'Univers baissait, l'équilibre s'est modifié et a favorisé la création de photons. Finalement, la plupart des électrons et des positrons de l'Univers se sont annihilés mutuellement, ne laissant subsister que la quantité relativement faible d'électrons présents aujourd'hui.

à raison de plusieurs milliards par seconde, sans nous affecter. Cela dit, les physiciens ont découvert des centaines de particules élémentaires. Le temps passant, l'Univers s'est complexifié et l'organisation de ces particules a, elle aussi, évolué. C'est cette évolution qui a permis à des planètes comme la Terre, ainsi qu'à des êtres tels que nous, d'exister.

Une seconde après le big bang, l'Univers se serait dilaté à tel point que sa température aurait baissé jusqu'à environ dix milliards de degrés — une température à peu près mille fois supérieure à celle qui règne au centre du Soleil, mais comparable à celle que peut atteindre une bombe atomique au moment de son explosion. L'Univers devait alors être essentiellement constitué de photons, d'électrons et de neutrinos, ainsi que de leurs antiparticules, et de quelques protons et neutrons. Ces particules devaient contenir une telle quantité d'énergie qu'en se percutant elles auraient formé différentes sortes de paires de particules/antiparticules. Par exemple, la collision de photons pouvait produire un électron et son antiparticule, le positron. Quelques-unes de ces nouvelles particules pouvaient à leur tour entrer en collision avec leur propre antiparticule et s'annihiler. Chaque fois qu'un électron rencontre un positron, tous deux sont annihilés, mais le processus inverse n'est pas aussi simple : pour que deux particules sans masse, comme les photons, créent par collision une paire particule/antiparticule comme un électron et un positron, elles doivent posséder un minimum d'énergie. En effet, l'électron et le positron ayant une certaine masse, celle-ci doit forcément provenir de l'énergie des particules entrant en collision. Tandis que l'Univers continuait à se dilater et la température à baisser, les collisions dégageant assez d'énergie pour créer des paires électron/positron devaient être moins fréquentes que celles qui provoquaient leur annihilation, si bien que la majorité des électrons et positrons se seraient détruits mutuellement pour produire davantage de photons, ne laissant subsister que très peu d'électrons.

Quant aux neutrinos et antineutrinos, ils n'interagissent que très faiblement entre eux et avec les autres particules, si bien qu'ils ne disparaissent pas aussi rapidement. Il devrait donc en subsister aujourd'hui. Leur observation, si elle était possible, nous offrirait une idée assez juste de cet état primordial chaud de l'Univers, mais, malheureusement, après des milliards d'années, leurs énergies sont trop faibles pour qu'on puisse les observer directement (il n'est toutefois pas impossible de parvenir un jour à les détecter indirectement).

Environ cent secondes après le big bang, la température aurait chuté à un milliard de degrés Celsius — température qui règne au cœur

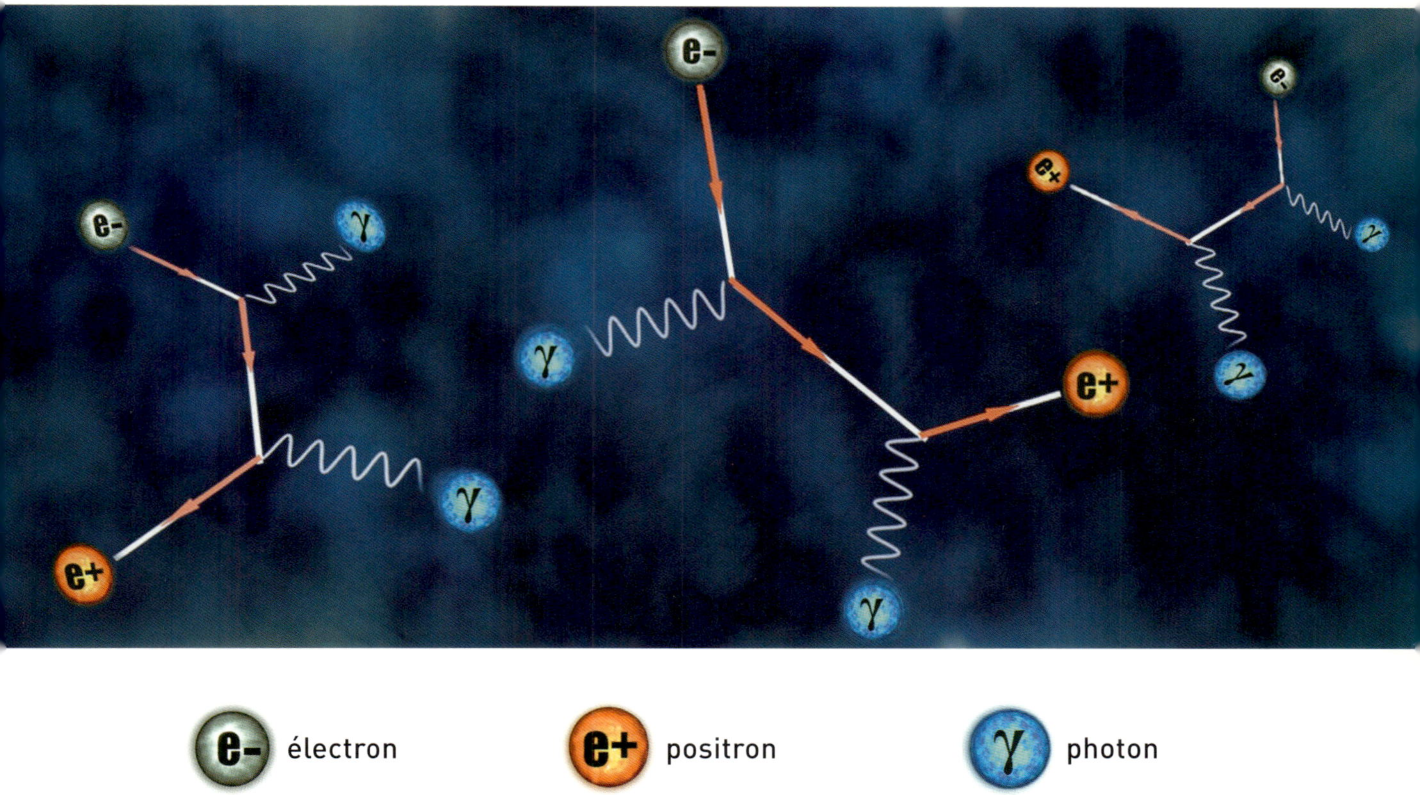

e-
e+
γ
e- électron
e+ positron
γ photon

des étoiles les plus chaudes. À cette température, une force appelée interaction forte aurait joué un rôle important. Cette interaction forte, que nous étudierons plus en détail au chapitre 11, est une force attractive de portée très courte, capable de coller ensemble des protons et des neutrons pour former des noyaux. À des températures assez élevées, protons et neutrons ont assez d'énergie (*cf.* chapitre 5) pour demeurer libres et indépendants, même après leurs collisions. Mais à un milliard de degrés Celsius, ils n'ont plus eu assez d'énergie pour résister à l'attraction de l'interaction forte et les modèles montrent qu'ils se seraient alors combinés pour former des noyaux de deutérium (ou hydrogène lourd), qui contiennent un proton et un neutron. Les noyaux de deutérium se seraient alors combinés avec d'autres protons et neutrons pour créer des noyaux d'hélium, composés de deux protons et de deux neutrons, ainsi que deux éléments plus lourds en très faible quantité : le lithium et le béryllium. On a pu calculer que, selon le modèle du big bang, environ un quart des protons et des neutrons ont été convertis en noyaux d'hélium et en une petite quantité d'hydrogène lourd et d'autres éléments. Les neutrons restants se sont transformés en protons, lesquels ne sont autres que les noyaux des atomes d'hydrogène ordinaire.

Nous devons la première description de l'Univers primordial chaud au physicien George Gamow (*cf.* p. 73), relatée dans un célèbre article écrit en 1948 en collaboration avec l'un de ses étudiants, Ralph Alpher. Gamow, qui ne manquait pas d'humour, persuada le physicien nucléaire Hans Bethe d'ajouter son nom à la liste des signataires qui devint «Alpher, Bethe, Gamow», en écho aux trois premières lettres de l'alphabet grec, «alpha, bêta, gamma», rapprochement d'autant plus pertinent que l'article traitait des débuts de l'Univers ! Plus tard, dans une autre étude, ils prédirent avec une perspicacité remarquable que le rayonnement (sous forme de photons) issu des premiers stades de l'Univers devait être encore perceptible, mais à une température d'à peine quelques degrés au-dessus du zéro absolu. Le zéro absolu (–273° C) est la température limite à laquelle les corps n'ont plus du tout d'énergie thermique.

Ce rayonnement n'était autre que le fameux rayonnement micro-ondes que découvriraient Penzias et Wilson en 1965. À l'époque où Gamow écrivit son article, en 1948, on savait peu de chose sur les réactions nucléaires des protons et des neutrons. Les prédictions concernant les proportions des différents éléments constituant l'Univers primordial étaient assez approximatives, mais les calculs ont été repris à la lumière des connaissances actuelles et concordent désormais avec les observations. Les modèles concurrents du big bang ont en outre d'énormes difficultés à expliquer pourquoi un quart de la masse présente sous forme d'atomes dans l'Univers est constitué d'hélium.

Mais cette vision de l'Univers primordial n'est pas sans poser quelques problèmes. Car, d'après ce modèle du big bang chaud, la chaleur n'a pas eu le temps de passer d'une certaine région de l'espace à une autre.

Si l'on veut expliquer pourquoi le rayonnement cosmologique a la même température dans toutes les directions, il faudrait que, dès la naissance de l'Univers, sa température ait été la même dans toutes les directions. Il faudrait en outre que le taux d'expansion initial ait eu d'emblée la valeur requise pour éviter l'effondrement.

Il devient très difficile d'expliquer des conditions initiales si particulières, à moins d'invoquer l'acte d'un Dieu désireux de créer des êtres tels que nous. En recherchant un modèle dans lequel plusieurs des configurations initiales auraient pu évoluer vers un Univers semblable au nôtre, Alan Guth, astrophysicien au Massachusetts Institute of Technology, suggéra que l'Univers avait peut-être traversé une période d'expansion très rapide — expansion appelée inflation, au cours de laquelle l'Univers s'est dilaté à un taux toujours croissant. Selon Guth, le rayon de l'Univers a augmenté d'un facteur 10^{30} en une fraction de seconde. Toutes les irrégularités initiales de l'Univers auraient été gommées par cette expansion très rapide, de la même façon qu'un ballon devient lisse lorsqu'on le gonfle. Le modèle de l'inflation permet ainsi d'expliquer comment notre monde lisse et uniforme a pu émerger d'un état initial très inhomogène. C'est pourquoi nous sommes confiants dans notre description de l'Univers, du moins jusqu'à 10^{-45} secondes après le big bang.

Après ce tourbillon initial, dans les heures qui suivirent le big bang, la production d'hélium et d'autres éléments comme le lithium s'est arrêtée. Ensuite, pendant quelques millions d'années encore, l'Univers s'est contenté de poursuivre son expansion, sans qu'il se produise d'événement majeur. Enfin, quand la température est descendue jusqu'à quelques milliers de degrés et que les électrons et les noyaux n'ont plus eu assez d'énergie pour résister à l'attraction électromagnétique, ils ont commencé à s'associer pour former des atomes. L'Univers tout entier a continué à se dilater et à se refroidir, mais, dans certaines régions légèrement plus denses que d'autres, l'attraction gravitationnelle a permis localement la condensation de matière.

Cette attraction a fini par arrêter l'expansion de certaines régions, provoquant leur effondrement. Au cours de ce processus, l'attraction gravitationnelle exercée par la matière environnante a pu déclencher une légère rotation de ces régions. À mesure que celles-ci diminuaient, leur rotation s'accélérait — exactement comme celle d'un patineur sur glace lorsqu'il ramène ses bras le long du corps. Quand elles ont atteint une taille suffisamment réduite, elles ont fini par tourner assez vite pour compenser l'attraction gravitationnelle : c'est ainsi que seraient nées des galaxies en forme de disques tournant sur elles-mêmes. Les régions épargnées par ce mouvement de rotation sont devenues ces objets ovales qu'on appelle galaxies elliptiques. Leur effondrement a été entravé grâce au fait que certaines parties de la galaxie tournent autour du centre de celle-ci selon des orbites stables, sans qu'il y ait rotation de la galaxie dans son ensemble.

À mesure que le temps passait, les gaz d'hydrogène et d'hélium présents dans les galaxies se sont fragmentés en nuages plus petits qui se sont effondrés sous leur propre poids. Tandis que ces nuages se contractaient et que les atomes qui les composaient s'entrechoquaient, le gaz s'est échauffé, jusqu'à atteindre un degré suffisamment élevé pour permettre l'amorçage des réactions de fusion nucléaire —réactions qui ont converti l'hydrogène en hélium. C'est la chaleur dégagée lors de ces réactions nucléaires qui fait briller les étoiles. Cette chaleur supplémentaire augmente également la pression du gaz jusqu'à ce que celle-ci soit suffisante pour compenser l'attraction gravitationnelle, et le gaz cesse alors de se contracter. C'est ainsi que ces nuages gazeux se transforment en étoiles, tel notre Soleil, convertissant l'hydrogène en hélium et renvoyant l'énergie produite sous forme de chaleur et de lumière. C'est un peu comme un ballon : il y a équilibre entre la pression de l'air à l'intérieur, qui tend à le dilater, et la résistance du caoutchouc, qui tend à s'opposer à la dilatation.

Une fois que les nuages de gaz se sont condensés en étoiles, celles-ci demeurent stables très longtemps, grâce à l'équilibre entre réactions nucléaires et attraction gravitationnelle. Néanmoins, l'étoile finit par épuiser ses réserves d'hydrogène et ses autres combustibles nucléaires. Paradoxalement, plus une étoile contient de gaz, plus celui-ci s'épuise vite : en effet plus une étoile est massive, plus elle a besoin de chaleur pour compenser l'attraction gravitationnelle. Et plus elle est chaude, plus la fusion nucléaire sera rapide et plus vite elle épuisera son combustible. Notre Soleil a probablement assez de gaz pour durer encore quelque cinq milliards d'années, mais des étoiles plus grosses que lui épuisent leurs réserves en à peine cent millions d'années, un âge très inférieur à celui de l'Univers.

Lorsqu'une étoile n'a plus de combustible, elle commence à se refroidir et la gravitation reprend le dessus, provoquant sa contraction. Cette compression du gaz de l'étoile a pour effet d'augmenter à nouveau sa température. En se réchauffant, elle convertit son hélium en éléments chimiques plus lourds, tels le carbone ou l'oxygène. Cependant, une nouvelle crise survient lorsqu'il n'y a plus d'hélium : à nouveau, l'étoile se contracte et se réchauffe, ce qui permet l'amorçage de nouvelles réactions nucléaires. La suite de l'histoire n'a pas encore été complètement éclaircie, mais il semble que la région centrale de l'étoile s'effondre en un état très dense, tel un trou noir.

Le terme de trou noir a une origine très récente. Il fut forgé en 1969 par le savant américain John Wheeler pour illustrer une idée vieille de plus de deux cents ans, à une époque qui connaissait deux théories de la lumière : la première, qui avait la faveur de Newton, supposait que la lumière était constituée de corpuscules, la seconde qu'elle était constituée d'ondes. Nous savons aujourd'hui que les deux théories sont correctes à condition qu'elles soient associées. Comme nous allons le voir au chapitre suivant, la dualité onde/corpuscule établie par la physique quantique nous amène à considérer la lumière tantôt comme une onde, tantôt comme un corpuscule. Les concepts *d'onde* et de *corpuscule* ont été forgés par des hommes, mais la nature, elle, n'est pas contrainte de les respecter en faisant que tout phénomène se range dans l'une ou l'autre catégorie !

Si la lumière est faite d'ondes, on ne voit pas comment elle pourrait réagir à la gravitation. Mais, composée de particules, on peut supposer que celles-ci subissent l'effet de la gravitation, comme le font les boulets de canon, les fusées et les planètes. Si, de la Terre, ou d'une étoile quelconque, vous lancez un boulet de canon à la verticale dans le ciel, celui-ci finira par retomber, sauf si sa vitesse de départ dépasse une certaine valeur. Cette vitesse minimale est appelée la vitesse de libération. La vitesse de libération dépend de la force de l'attraction gravitationnelle de l'étoile. Plus l'étoile est massive, plus la vitesse de libération qui lui est associée est élevée. Autrefois, on pensait que les particules de lumière voyageaient à une vitesse infinie et ne pouvaient donc être ralenties par la gravitation, mais lorsque Roemer découvrit que cette vitesse était finie, la question de la sensibilité de la lumière à la gravitation s'est reposée : si une étoile a une masse suffisamment importante, sa vitesse de libération est supérieure à la vitesse de la lumière, de sorte que toute la lumière qu'elle émet lui est renvoyée.

Boulets de canon ayant une vitesse inférieure ou supérieure à la vitesse de libération
Tout corps qui s'élève ne retombe pas s'il est projeté à une vitesse supérieure à la vitesse de libération.

C'est à partir de cette supposition qu'en 1783 John Michell, professeur à Cambridge, publia dans les *Philosophical Transactions of the Royal Society of London*, un article dans lequel il faisait observer qu'une étoile suffisamment massive et compacte devrait avoir un champ gravitationnel si puissant que la lumière ne pourrait plus s'en échapper. En effet, toute lumière émise par sa surface y serait reconduite par l'attraction gravitationnelle de l'étoile avant d'avoir pu s'en échapper. Ce sont de tels corps que nous appelons aujourd'hui trous noirs, car c'est exactement ce qu'ils sont : des zones noires dans l'espace.

Quelques années plus tard, et sans le moindre lien, semble-t-il, avec les travaux de Michell, un savant français, le marquis de Laplace, émit une suggestion similaire qui n'apparaît assez curieusement que dans les deux premières éditions de son livre, *Exposition du système du monde* — il a préféré la supprimer des éditions ultérieures. Peut-être avait-il trouvé l'idée trop saugrenue : pendant tout le XIXe siècle, la théorie corpusculaire de la lumière fut délaissée par les scientifiques au profit de la théorie ondulatoire, qui semblait pouvoir tout expliquer. En vérité, la vitesse de la lumière étant invariante, il est peu logique de traiter la lumière comme on traite des boulets de canon dans la théorie newtonienne de la gravitation. Un boulet de canon lancé à la verticale sera ralenti par la gravité et finira par être stoppé dans son élan et retomber par terre ; un photon, en revanche, est contraint de poursuivre sa trajectoire à une vitesse constante. Aucune théorie cohérente traitant de l'action de la gravitation sur la lumière ne fut proposée jusqu'à ce qu'Einstein propose sa théorie de la relativité, en 1915, et ce n'est qu'en 1939 qu'un jeune physicien américain, Robert Oppenheimer, put décrire l'évolution d'une étoile massive telle que la relativité générale l'impose.

Voici comment pourrait se résumer aujourd'hui le travail d'Oppenheimer. Le champ gravitationnel d'une étoile modifie les trajectoires des rayons lumineux dans l'espace-temps. C'est l'effet qu'on peut constater sur la courbure lumineuse des étoiles distantes observées lors d'une éclipse de Soleil : les trajectoires suivies par la lumière dans le temps et l'espace sont légèrement déviées vers l'intérieur au voisinage de la surface de l'étoile. À mesure que celle-ci se contracte, elle devient plus dense, ce qui renforce le champ gravitationnel à sa surface. (Représentez-vous le champ gravitationnel comme une force provenant du centre de l'étoile : plus l'étoile diminue, plus les points à sa surface se rapprochent subissent donc un champ plus puissant.) La force de ce champ dévie davantage vers l'intérieur les trajectoires lumineuses au voisinage de la surface. Enfin, quand l'étoile a atteint un certain rayon critique, le champ gravitationnel devient si puissant à la surface que les rayons lumineux sont déviés à un point tel que la lumière ne peut plus en sortir.

Selon la théorie de la relativité, rien ne peut voyager plus vite que la lumière. Si la lumière elle-même ne peut s'en échapper, rien ne le pourra : tout sera capté par le champ gravitationnel. L'étoile effondrée crée ainsi autour d'elle une région de l'espace-temps de laquelle il est impossible de sortir pour rejoindre un observateur éloigné. Cette région est un trou noir. La frontière extérieure d'un trou noir est appelée horizon événementiel. Aujourd'hui, grâce au télescope spatial Hubble et à d'autres télescopes qui détectent les rayons X et les rayons gamma plutôt que la lumière visible, nous savons que les trous noirs sont des objets banals — beaucoup plus fréquents que nous ne l'imaginions autrefois. Un satellite en a décompté mille cinq cents en explorant une toute petite partie du ciel. Au centre de notre galaxie, nous en avons même repéré un dont la masse est plus d'un million de fois supérieure à celle du Soleil. Autour de ce trou noir supermassif, on a détecté une étoile décrivant une orbite à une vitesse qui atteint 2 % de celle de la lumière, donc supérieure à celle d'un électron tournant autour du noyau d'un atome !

Afin de comprendre ce que vous verriez en observant une étoile massive s'effondrant pour former un trou noir, rappelez-vous que, selon la relativité, le temps n'est pas absolu : chaque observateur a sa propre mesure du temps. Le champ gravitationnel étant plus fort à la surface d'une étoile, le temps ne s'y écoule pas de la même manière qu'ailleurs.

Imaginez qu'un astronaute intrépide débarque sur une étoile prête à s'effondrer et qu'il y demeure durant tout le processus. Admettez que, au moment où sa montre indique 11 heures, l'étoile se contracte en deçà du rayon critique, c'est-à-dire en deçà duquel plus rien ne peut s'échapper à cause de la force du champ gravitationnel. Supposez maintenant qu'il ait pour mission d'envoyer un signal toutes les secondes à un vaisseau spatial tournant au-dessus de lui à une distance déterminée par rapport au centre de l'étoile. Il transmet son premier signal à 10 h 59 min 58 s, soit deux secondes avant 11 heures. Quel temps ses collègues vont-ils enregistrer à bord du vaisseau spatial ?

Nous avons vu lors d'expériences précédentes qu'à bord d'un vaisseau spatial la gravitation ralentit le temps : plus la gravitation est forte, plus les horloges ralentissent. L'astronaute se trouvant sur l'étoile

Les forces de marées
La gravitation s'affaiblissant avec la distance, vos pieds sont soumis à une plus grande force gravitationnelle que votre tête, puisqu'ils sont plus proches d'un mètre ou deux du centre de la Terre. Cette différence est si faible que vous ne la ressentez pas, mais un astronaute qui se trouverait à la surface d'un trou noir serait littéralement écartelé.

est soumis à une gravitation plus forte que ses collègues naviguant dans l'espace : en conséquence, quand il se sera écoulé une seconde pour lui, la montre de ses collègues indiquera une durée légèrement supérieure à une seconde. À partir du moment où l'étoile commence à s'effondrer, le champ gravitationnel gagne en force et l'intervalle de temps séparant ces signaux apparaîtra de plus en plus long aux astronautes du vaisseau. Cet allongement de l'intervalle de temps était très faible avant 10 h 59 min 59 s, de sorte que les astronautes en orbite ont à peine plus d'une seconde à attendre entre le signal envoyé de l'étoile à 10 h 59 min 58 s et celui envoyé à 10 h 59 min 59 s. Mais c'est éternellement qu'ils devront attendre le signal envoyé à 11 heures...

Tout ce qui se produit à la surface de l'étoile entre 10 h 59 min 59 s et 11 heures (à la montre de l'astronaute) s'étale sur une période de temps infinie pour les astronautes en orbite. Plus on approche de 11 heures, plus l'intervalle de temps entre l'arrivée des crêtes et des creux de lumière s'allonge, exactement comme l'intervalle entre les signaux envoyés par l'astronaute. Étant donné que la fréquence de la lumière se mesure au nombre de crêtes et de creux par seconde, cette fréquence semblerait de plus en plus basse aux astronautes dans l'espace. Donc la lumière apparaîtrait de plus en plus décalée vers le rouge (et de plus en plus faible). Pour finir, cette lumière serait si faible qu'elle deviendrait invisible du vaisseau spatial : il ne resterait plus qu'un trou noir dans l'espace. Néanmoins, ce trou noir continuerait à exercer la même force gravitationnelle sur le vaisseau, qui continuerait donc à tourner autour de lui.

Ce scénario n'est pas tout à fait réaliste car nous nous heurterions au problème suivant : puisque la gravitation perd de sa force à mesure qu'on s'éloigne de l'étoile, les pieds de notre astronaute devraient être soumis à une gravitation plus forte que sa tête. La différence entre ces deux forces devrait l'étirer comme un spaghetti ou l'écarteler avant que l'étoile ait eu le temps d'atteindre le rayon critique qui aurait vu la formation de l'horizon événementiel ! Cependant, nous pensons qu'il existe dans l'Univers des corps bien plus gros, comme les régions centrales des galaxies, susceptibles de connaître un effondrement gravitationnel et de devenir des trous noirs, à l'image de celui qu'on a pu repérer au centre de notre propre galaxie. Un astronaute se trouvant sur l'un de ces corps ne serait pas écartelé avant la formation du trou noir : en fait, il ne ressentirait rien de particulier au moment où l'étoile atteindrait le rayon critique et pourrait traverser le point de non-retour sans s'en apercevoir — alors même que, pour des observateurs extérieurs, ses signaux s'espaceraient de plus en plus dans le temps jusqu'à cesser enfin de leur parvenir.

Pendant quelques heures à peine (selon l'horloge de l'astronaute), et tandis que la région continuerait de s'effondrer, la différence entre les forces gravitationnelles exercées sur sa tête et sur ses pieds deviendrait si forte qu'il se retrouverait une fois encore écartelé.

Lors de l'effondrement d'une étoile très massive, il arrive que toutes les régions l'entourant soient soufflées dans une formidable explosion appelée supernova. L'explosion d'une supernova est si énorme qu'elle peut émettre plus de lumière que toutes les autres étoiles de sa galaxie réunies.

Dans notre ciel, la nébuleuse du Crabe n'est autre que les restes d'une gigantesque supernova. Les Chinois l'avaient déjà observée en 1054. Située à quelque cinq mille années-lumière, l'étoile en explosion demeura visible à l'œil nu pendant des mois et son éclat était si intense qu'on la voyait en plein jour et qu'on pouvait même lire à sa lueur la nuit. Une supernova située à cinq cents années-lumière (c'est-à-dire dix fois plus proche) serait donc dix fois plus brillante et pourrait littéralement transformer la nuit en jour. Afin d'avoir une idée de la violence d'une telle explosion, sachez que sa lumière rivaliserait avec celle du Soleil, alors qu'elle se trouve à une distance dix millions de fois supérieure (l'astre solaire se trouve à seulement huit minutes-lumière). Si une supernova se produisait plus près de nous, elle pourrait ne causer aucun dommage à la Terre elle-même, mais émettrait suffisamment de rayonnement pour y anéantir toute forme de vie. En fait, on a récemment émis l'hypothèse que la disparition de toute la faune marine qui se produisit à l'époque du pléistocène/pliocène, il y a environ deux millions d'années, avait pu être causée par le rayonnement cosmique d'une supernova qui aurait explosé dans un amas d'étoiles très proche appelé l'amas Scorpion-Centaure. Certains scientifiques sont persuadés qu'une forme de vie avancée ne peut évoluer que dans des régions galactiques assez pauvres en étoiles, dites zones de vie : en effet, dans des régions à plus forte densité stellaire, des phénomènes tels que les supernovae seraient suffisamment fréquents pour anéantir régulièrement toute amorce d'évolution. Des centaines de milliers de supernovae explosent chaque jour dans l'Univers, alors que dans une galaxie donnée, il s'en produit environ une par siècle. Mais ce n'est là qu'une moyenne. Malheureusement — du moins pour les astronomes —, la dernière supernova recensée dans la Voie lactée date de 1604, avant l'invention du télescope.

La candidate le mieux placée dans notre galaxie pour la prochaine explosion en supernova est une étoile appelée Rho Cassiopeia. Elle se trouve heureusement à quelque dix mille années-lumière de nous. Elle appartient à une catégorie d'étoiles qu'on appelle les supergéantes jaunes : c'est l'une des sept supergéantes jaunes de la Voie lactée. Une équipe internationale d'astronomes a commencé à l'étudier en 1993. Au cours des premières années, ils ont remarqué qu'elle subissait périodiquement des variations de température de quelques centaines de degrés. Pendant l'été 2000, sa température a soudain chuté de 7 000 à 4 000° C. Au cours de la même période, on a détecté dans son atmosphère la présence d'oxyde de titane qui fait partie, croit-on, d'une des couches externes de l'étoile soufflée par une onde de choc très puissante.

Lors de l'explosion d'une supernova, certains des éléments les plus lourds produits à la fin de la vie de l'étoile sont rejetés au sein de la galaxie et vont constituer une partie de la matière brute nécessaire à la formation d'une nouvelle génération d'étoiles. Notre Soleil lui-même contient environ 2% d'éléments de ce type. Il appartient à une deuxième, voire à une troisième génération d'étoiles formées voilà cinq milliards d'années à partir d'un nuage de gaz en rotation constitué des débris de supernovae antérieures. La majeure partie de ce gaz s'est condensée pour former le Soleil ou fut dispersée, mais de petites quantités d'éléments plus lourds se sont combinées pour donner naissance à des corps qui aujourd'hui tournent autour du Soleil, comme notre planète. L'or de nos bijoux et l'uranium de nos réacteurs nucléaires sont l'un et l'autre des débris de supernovae qui ont explosé bien avant la naissance de notre système solaire !

Au tout début de sa formation, notre Terre était très chaude et sans atmosphère. Elle s'est refroidie au cours du temps et s'est entourée d'une atmosphère formée à partir des gaz émis par les roches. Cette atmosphère primitive ne permettait pas la vie humaine. Elle ne contenait pas d'oxygène mais était en revanche largement pourvue d'autres gaz mortels pour nous, comme le sulfure d'hydrogène (gaz qui donne leur odeur aux œufs pourris). Toutefois, il existe d'autres formes de vie primitive capables de s'épanouir dans de telles conditions. On pense qu'elles se sont développées dans les océans, sans doute grâce à certaines combinaisons d'atomes structurées en macromolécules, elles-mêmes capables d'assembler les atomes en nouvelles macromolécules du même type. Elles se seraient donc ainsi autoreproduites et multipliées. La reproduction aurait connu des erreurs qui auraient la plupart du temps conduit à la formation de macromolécules incapables de se reproduire, donc vouées à disparaître. Mais certaines d'entre elles auraient produit de nouvelles macromolécules encore plus aptes à la reproduction et qui auraient profité de cet avantage pour tenter de remplacer les macromolécules originelles. Ainsi naquit le processus de l'évolution qui allait conduire au développement d'organismes autoreproductifs de plus en plus complexes. Ces formes de vie primitive consommaient différents éléments, y compris du sulfure d'hydrogène, et libéraient de l'oxygène. Ce mécanisme transforma peu à peu l'atmosphère jusqu'à sa composition actuelle et permit le développement de formes de vie plus élaborées, comme les poissons, les reptiles, les mammifères et, pour finir, les humains.

On assista au XXe siècle à une transformation radicale de notre vision de l'Univers : d'une part, nous avons pris conscience de l'insignifiance de notre planète à l'échelle de l'Univers, d'autre part, nous avons découvert que le temps et l'espace étaient courbes et inséparables, que l'Univers était en expansion et qu'il avait eu un commencement.

L'hypothèse d'un Univers d'abord très chaud, puis se refroidissant à mesure qu'il se dilatait, est fondée sur la théorie de la relativité générale d'Einstein. Que cette théorie soit confirmée par toutes les observations effectuées à ce jour consacre son triomphe. Cependant, en mathématiques, on ne joue pas avec les infinis impunément : puisque la théorie décrit la naissance de l'Univers par un big bang où la densité de matière et la courbure de l'Univers sont infinies, elle prédit par là même qu'elle ne s'applique pas à cet instant précis. Une telle situation correspond à ce que les mathématiciens appellent une singularité. Lorsqu'une théorie aboutit à des singularités telles que la densité ou la courbure infinies, c'est signe que la théorie a besoin d'être revue ou modifiée. La relativité générale prédit un infini qu'elle ne peut décrire.

Le XXe siècle a vu naître une autre grande théorie partielle de l'Univers, la physique quantique, qui traite des phénomènes se produisant à l'échelle microscopique. Notre représentation du big bang nous montre qu'il y eut un temps où l'Univers était si petit qu'il devient impossible de ne pas prendre en compte les effets à petite échelle décrits par la physique quantique. Nous allons voir à présent que l'espoir de parvenir un jour à comprendre l'Univers, de son commencement jusqu'à son terme, réside dans l'association de ces deux théories partielles en une seule théorie quantique de la gravitation, qui devrait permettre d'appréhender ses conditions initiales sans faire apparaître la moindre singularité.

09

Théorie quantique de la gravitation

Au début du XIXe siècle, le succès des théories scientifiques, et plus particulièrement de la théorie de la gravitation de Newton, conduisit le marquis de Laplace à émettre l'hypothèse d'un Univers intégralement déterminé par des lois. Selon lui, il devait exister un ensemble de lois scientifiques qui nous permettraient — du moins en principe — de prédire tout ce qui allait se produire dans l'Univers. Seule nécessité : connaître l'état précis de l'Univers à un instant donné. C'est ce qu'on appelle une condition initiale, ou condition aux limites (une limite peut concerner aussi bien l'espace que le temps : une condition aux limites spatiale définit l'état de l'Univers sur sa frontière — s'il en a une). En s'appuyant donc sur cet ensemble de lois et sur des conditions initiales appropriées, Laplace pensait qu'il nous serait possible de calculer l'état complet de l'Univers à n'importe quel moment.

La nécessité de conditions initiales temporelles paraît intuitivement évidente : différents états présents conduiront nécessairement à différents états futurs. Le besoin de conditions aux limites spatiales est un peu plus subtil, mais le principe est le même. Les équations sur lesquelles sont fondées les théories de la physique peuvent en général avoir des solutions très différentes et il faut se référer aux conditions initiales pour décider quelles solutions adopter. C'est un peu comme un compte en banque sur lequel circuleraient de grosses quantités d'argent. Finir riche ou ruiné dépend non seulement des entrées et des sorties de capitaux, mais aussi de l'état initial du compte au moment de son ouverture.

Si Laplace avait raison, nous pourrions, en partant de l'état présent de l'Univers, connaître grâce à ces lois tant son état passé que son état futur. Compte tenu des positions et des vitesses du Soleil et des planètes, nous sommes capables en appliquant les lois de Newton de calculer l'état de notre système solaire à n'importe quel moment du passé ou de l'avenir. Des lois déterministes paraissent assez évidentes dans le cas des planètes — après tout, les astronomes peuvent prédire avec une grande précision des événements tels que les éclipses. Mais Laplace alla plus loin, supposant que des lois déterminaient tout, y compris le comportement humain.

Les scientifiques sont-ils vraiment en mesure de calculer ce que seront toutes nos actions dans le futur ? Un seul verre d'eau contient plus de 10^{24} molécules. Impossible donc, en pratique, de connaître l'état de chacune de ces molécules, et encore moins l'état complet de l'Univers ou même celui de notre corps. Pourtant, prétendre que l'Univers est gouverné par des lois déterministes signifie que, même si nous n'avons pas les moyens de mener à bien tous les calculs, notre futur n'en demeure pas moins prédéterminé.

Cette théorie du déterminisme scientifique fut vigoureusement combattue par tous ceux qui pensaient qu'elle enfreignait la liberté de Dieu de faire tourner le monde comme Il l'entendait. Mais elle demeura malgré tout le modèle standard de la science jusqu'au tout début du XXe siècle. L'une des premières indications qui devaient conduire à son abandon fut apportée par deux savants britanniques, lord John Rayleigh et sir James Jeans, qui calculèrent la quantité de rayonnement que tout objet de type corps noir devait émettre (rappelez-vous que n'importe quel corps matériel libère, lorsqu'il est chauffé, une certaine quantité d'énergie sous forme de lumière appelée rayonnement de corps noir — *cf.* chapitre 7).

Selon les lois en vigueur à l'époque, un corps chaud était censé émettre des ondes électromagnétiques en quantité égale à toutes les fréquences. Dans ce cas, il devrait alors émettre la même quantité d'énergie dans toutes les couleurs du spectre de la lumière visible, ainsi qu'à toutes les fréquences : ondes radio, rayons X, etc. (la fréquence d'une onde se calcule au nombre d'oscillations qu'elle produit en une seconde). Mathématiquement, dire qu'un corps chaud émet des ondes égales à toutes les fréquences revient à dire que ce corps devrait émettre la même quantité d'énergie quelles que soient les fréquences comprises entre zéro et un million d'ondes par seconde, ou entre un et deux millions, ou encore entre deux et trois millions, et ainsi de suite, à l'infini. Admettons que pour toutes ces fréquences la quantité d'énergie rayonnée soit d'une unité : le montant total d'énergie rayonnée serait donc de 1 + 1 + 1 +... jusqu'à l'infini. Puisque le nombre d'ondes par seconde est illimité, la somme des énergies serait donc infinie. Si l'on suit ce raisonnement, l'énergie totale rayonnée devrait être illimitée.

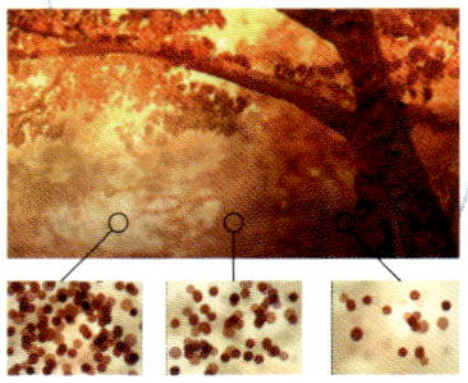

La lumière la plus faible possible
Une lumière faible suppose peu de photons. La lumière la plus faible possible d'une couleur donnée est la lumière transportée par un seul photon ayant cette couleur. Dans cette illustration, les cercles colorés représentent des photons.

Afin d'échapper à ce résultat évidemment ridicule, le physicien allemand Max Planck suggéra en 1900 que la lumière, les rayons X et autres ondes électromagnétiques ne pouvaient être émis que par paquets discontinus, auxquels il donna le nom de quanta. Un quantum de lumière est aujourd'hui appelé photon. Plus la fréquence de la lumière est élevée, plus la quantité d'énergie qu'elle transporte est importante. C'est pourquoi, bien que les photons d'une couleur donnée, ou d'une fréquence donnée, soient identiques, la théorie de Planck affirme que les photons de fréquences diverses sont différents dans la mesure où ils transportent des quantités d'énergie différentes. En d'autres termes, selon la théorie quantique, la lumière la plus faible d'une couleur donnée (la lumière transportée par un seul photon) possède une quantité d'énergie dépendante de sa couleur. Parce que la lumière violette a une fréquence deux fois supérieure à celle de la lumière rouge, un quantum de lumière violette transporte deux fois plus d'énergie qu'un quantum de lumière rouge. C'est ainsi que la plus petite quantité possible d'énergie de lumière violette est deux fois supérieure à la plus petite quantité possible d'énergie de lumière rouge.

En quoi cela résout-il le problème du corps noir ? La plus petite quantité d'énergie électromagnétique qu'un corps noir puisse émettre à une fréquence donnée est transportée par un photon de cette fréquence. L'énergie du photon étant plus grande à hautes fréquences, la plus petite quantité d'énergie émise par un corps noir sera d'autant plus importante que la fréquence sera élevée. À des fréquences suffisamment élevées, la quantité d'énergie transportée par un seul photon sera supérieure à l'énergie disponible dans un corps et, dans ce cas, aucune lumière ne sera émise, ce qui met fin à l'hypothèse d'une quantité infinie d'énergie. Ainsi, dans la théorie de Planck, à hautes fréquences, le rayonnement se trouve limité, de sorte que l'énergie totale émise par le corps devient finie, et non plus infinie, ce qui résout le problème du corps noir en supprimant la divergence du spectre.

L'hypothèse quantique expliquait donc très bien le taux d'émission de rayonnement provenant de corps chauds, mais c'est seulement en 1926 qu'on prit conscience de ses implications pour le déterminisme, lorsqu'un autre chercheur allemand, Werner Heisenberg, formula son fameux principe d'indétermination[1].

1. Voir ce terme dans le glossaire, p. 176, où il est expliqué pourquoi la dénomination principe d'indétermination a été retenue plutôt que celle de principe d'incertitude (*NdE*).

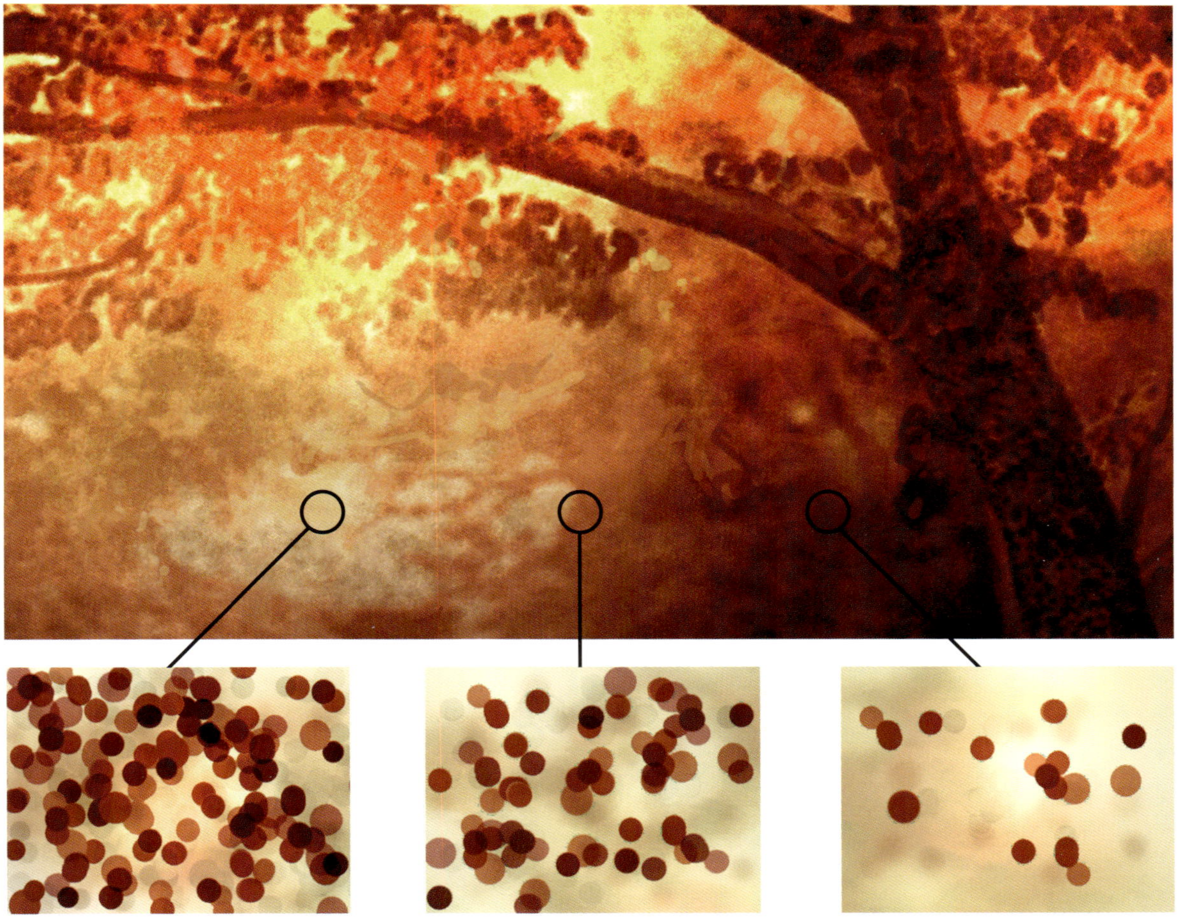

Dans un certain sens, le principe d'indétermination limite notre capacité à prédire l'avenir à l'aide de lois scientifiques. La raison en est simple : pour pouvoir prédire la position et la vitesse futures d'une particule, nous avons besoin de pouvoir mesurer avec précision son état initial, c'est-à-dire sa position et sa vitesse initiales. Le moyen le plus évident pour y parvenir est d'envoyer de la lumière sur la particule, qui diffuse alors un certain nombre d'ondes lumineuses. Ces ondes pourront être détectées et renseigneront l'observateur sur la position de la particule. Cependant, la lumière d'une longueur d'onde donnée n'a qu'une sensibilité limitée : vous ne pourrez pas calculer la position de la particule avec plus de précision que la distance entre les crêtes des ondes de lumière. Si vous voulez mesurer cette position avec précision, vous devez employer une lumière à onde courte, c'est-à-dire à haute fréquence. Or, selon l'hypothèse de Planck, il n'est pas possible d'utiliser une quantité de lumière arbitrairement petite : celle-ci doit être d'au moins un photon, dont l'énergie est plus élevée à haute fréquence. Résumons-nous : plus vous souhaitez mesurer avec précision la position d'une particule, plus l'énergie du photon que vous projetez sur elle doit être importante.

D'après la théorie quantique, un seul photon suffit à perturber une particule : il modifie alors la vitesse de la particule de manière imprévisible. Plus grande sera l'énergie du photon, plus notable sera la perturbation.

Ainsi, l'utilisation d'un photon plus énergétique pour mesurer une position avec plus de précision modifiera plus encore la vitesse de cette particule, si bien que plus vous chercherez à mesurer la position de la particule avec précision, moins vous pourrez calculer sa vitesse avec exactitude, et vice versa.

Heisenberg a démontré que l'indétermination de la position de la particule, multipliée par l'indétermination de sa vitesse, multipliée par sa masse, ne peut jamais être inférieure à une certaine quantité. Par exemple, si vous divisez par deux l'indétermination de la position, vous devez doubler l'indétermination de la vitesse, et vice versa. La nature nous contraint toujours à ce type de tractation.

Les conséquences en sont-elles graves? Tout dépend de la valeur numérique attribuée à cette quantité déterminée. Celle-ci, connue sous le nom de constante de Planck, correspond à un nombre très petit — tellement petit que les effets de la tractation et de la théorie quantique dans son ensemble, tout comme ceux de la relativité, ne sont

La physique quantique a notamment ceci de révolutionnaire qu'elle ne pré

pas vraiment décelables dans notre vie quotidienne (sur laquelle la théorie quantique a pourtant une influence réelle, puisqu'elle est entre autres à la base de toute l'électronique moderne). En effet, si vous fixez la position d'une balle de ping-pong pesant un gramme avec une marge d'erreur d'un centimètre dans chaque direction, vous connaîtrez sa vitesse avec une précision bien supérieure à celle dont vous aurez jamais besoin. En revanche, si vous mesurez la position d'un électron avec une précision de l'ordre des dimensions d'un atome, vous ne pourrez connaître sa vitesse qu'avec une marge d'erreur de plus ou moins mille kilomètres par seconde, ce qui est loin d'être précis.

La limite imposée par le principe d'indétermination ne dépend pas de la façon dont la position ou la vitesse de la particule est mesurée, ni d'ailleurs du type de particule. Donnée fondamentale et incontournable de l'Univers, ce principe a eu de profondes répercussions sur notre vision du monde. Plus de soixante-dix ans après, les implications du travail d'Heisenberg ont été prises en compte par nombre de philosophes, mais demeurent l'objet de nombreux malentendus.

On pourrait postuler l'existence d'une série de lois déterminant les événements qui seraient accessibles à un être surnaturel capable, contrairement à nous, d'observer l'état présent de l'Univers sans le perturber. Mais de tels modèles de l'Univers ne présentent guère d'intérêt pour les pauvres mortels que nous sommes. Mieux vaut employer le principe d'économie connu sous le nom de rasoir d'Occam et retrancher tous les points de la théorie qui ne peuvent faire l'objet d'observations. C'est en s'inspirant de ce principe que Werner Heisenberg, Erwin Schrödinger et Paul Dirac sont parvenus, dans les années 1920, à reformuler la mécanique de Newton en une nouvelle théorie appelée physique quantique. La représentation formelle que la physique quantique se fait des particules ne leur attribue jamais en même temps une position et une vitesse, c'est-à-dire ne les décrit jamais comme des corpuscules.

La physique quantique a notamment ceci de révolutionnaire qu'elle ne prédit généralement pas un résultat unique pour une mesure donnée, mais un certain nombre de possibilités, et qu'elle permet de calculer le taux de probabilité de chacune d'elles. Ce qui revient à dire que si l'on effectuait la même mesure sur un grand nombre de systèmes identiques, tous préparés dans le même état physique, on aboutirait au résultat A dans un certain nombre de cas, au résultat B dans un autre nombre, et ainsi de suite. On pourrait prédire approximativement combien de résultats A ou B seraient obtenus, mais jamais le résultat précis d'une mesure spécifique.

Indétermination de la position en physique quantique
Selon la théorie quantique, un corps ne peut jamais se voir attribuer à la fois une position et une vitesse bien déterminées et, en général, on ne peut pas prédire avec certitude le résultat d'une mesure particulière.

Par exemple, imaginez que vous lancez une flèche sur une cible. Selon les théories classiques (c'est-à-dire non quantiques), soit la flèche se fichera au centre, soit elle le ratera. Si vous connaissez la vitesse de la flèche, la force de gravité et d'autres facteurs similaires, vous serez en mesure de calculer si elle atteindra son but ou pas. Mais la théorie quantique nous enseigne que c'est faux, qu'on ne peut pas garantir le résultat avec certitude : certes, la probabilité existe que la flèche atteigne le centre, mais il n'est pas exclu qu'elle se plante à côté. Dans le cas d'un objet de la taille d'une flèche, si la théorie classique (les lois de Newton) prévoit qu'elle touchera le centre, vous pouvez la croire sans crainte de vous tromper. En effet, les risques d'échec (selon la théorie quantique) sont tellement infimes que, si vous lanciez votre flèche exactement de la même manière jusqu'à la fin des temps, il est probable que vous ne la verriez jamais manquer son but. Mais à l'échelle atomique les choses sont différentes. Une flèche constituée d'un seul atome aurait 90 % de chance de se ficher au centre de la cible, mais elle en aurait aussi 5 % de se retrouver sur un autre point de la cible et 5 autres encore de la rater complètement. Impossible de prédire le résultat. Vous n'avez qu'une seule certitude : celle de mettre dans le mille en moyenne 90 fois sur 100 si vous répétez l'expérience un grand nombre de fois.

La physique quantique introduit donc au sein de la science un élément de hasard et d'imprévisibilité. Einstein a longtemps combattu cette idée, en dépit de l'importance de son rôle dans le développement de cette théorie (il reçut même le prix Nobel en récompense de sa contribution à la théorie quantique). Malgré tout, il ne parvint jamais à admettre que le hasard puisse jouer un rôle dans l'évolution de l'Univers; sa conviction peut se résumer à la fameuse formule : « Dieu ne joue pas aux dés. »

Une théorie scientifique se vérifie, nous l'avons vu, à sa capacité de prédire les résultats d'une expérience. Ce que fait la théorie quantique à sa façon : en répétant une expérience un certain nombre de fois, nous sommes en mesure de confirmer que les différents résultats possibles correspondent bien aux probabilités calculées grâce à la théorie quantique. C'est pourquoi nous n'avons aucune raison de cesser de croire en un monde gouverné par des lois physiques. Et, au bout du compte, la plupart des scientifiques ont adhéré à la physique quantique parce qu'elle s'accordait parfaitement avec l'expérience.

Revenons à l'une des implications majeures du principe d'indétermination, à savoir que les particules n'ont pas de position définie, mais sont comme étalées dans l'espace, et que leur étalement correspond à une certaine distribution de probabilité. De même, bien que la lumière

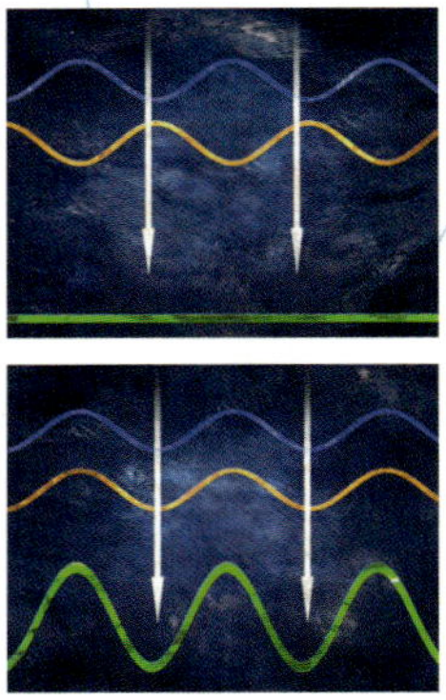

En phase et en opposition de phase
Si les crêtes de deux ondes coïncident entre elles, ou les creux entre eux, il en résulte une onde plus forte, mais, si les crêtes d'une onde coïncident avec les creux d'une autre, les amplitudes des deux ondes s'annulent mutuellement.

soit constituée d'ondes, elle se comporte, selon l'hypothèse de Planck, comme si elle était faite de particules et ne peut donc être émise ou absorbée qu'en paquets, ou quanta. En fait, la théorie quantique se fonde sur un genre entièrement nouveau de mathématiques qui ne décrit plus le monde réel en termes d'ondes ou de corpuscules. Dans certains cas, il s'avère plus utile de considérer les corpuscules comme des ondes et, dans d'autres, de traiter les ondes comme des corpuscules, mais ce n'est que question de convenance. C'est ce que veulent dire les scientifiques lorsqu'ils parlent de la dualité onde/corpuscule en physique quantique.

Conséquence importante du comportement ondulatoire : il nous permet d'observer ce qu'on appelle des interférences entre deux ensembles de particules. D'ordinaire, l'interférence est considérée comme un phénomène réservé aux ondes : quand deux ondes se superposent dans une région de l'espace, les crêtes d'une série d'ondes peuvent coïncider avec les creux d'une autre — on parle alors d'ondes en opposition de phase.

Quand cela se produit, les deux séries d'ondes ne s'additionnent pas pour former une onde plus forte, mais leurs amplitudes s'annulent mutuellement. Un exemple familier d'interférence lumineuse nous est offert par les couleurs souvent observées sur les bulles de savon. Ces couleurs sont l'effet de la réflexion de la lumière par les faces interne et externe de la fine pellicule d'eau qui forme la bulle. La lumière blanche est faite d'ondes lumineuses, toutes de différentes longueurs d'onde, ou couleurs. Pour certaines longueurs d'onde, les crêtes d'ondes réfléchies par la face externe de la bulle coïncident avec les creux réfléchis par la face interne. Les couleurs correspondant à ces longueurs d'onde sont absentes de la lumière réfléchie, qui, de ce fait, apparaît colorée.

Cependant, en raison de la dualité onde/corpuscule, l'interférence peut aussi se produire pour des particules. L'exemple le plus célèbre est fourni par l'expérience dite des deux fentes. Imaginez une cloison percée de deux fentes étroites et parallèles. Avant de considérer ce qui se produit lorsqu'on envoie des particules à travers ces fentes, examinons ce qui se passe lorsqu'une lumière est projetée sur elles. D'un côté de la cloison, plaçons une source lumineuse d'une couleur spécifique (c'est-à-dire d'une certaine longueur d'onde). La presque totalité de la lumière frappera la cloison, mais une petite quantité passera à travers les fentes. Supposez maintenant qu'on installe un écran de l'autre côté de la cloison : il recevra sur toute sa surface les ondes émises à travers les deux fentes. Toutefois, la lumière ne parcourra pas la même distance pour aller de sa source jusqu'à l'écran selon qu'elle passera par une fente ou par l'autre.

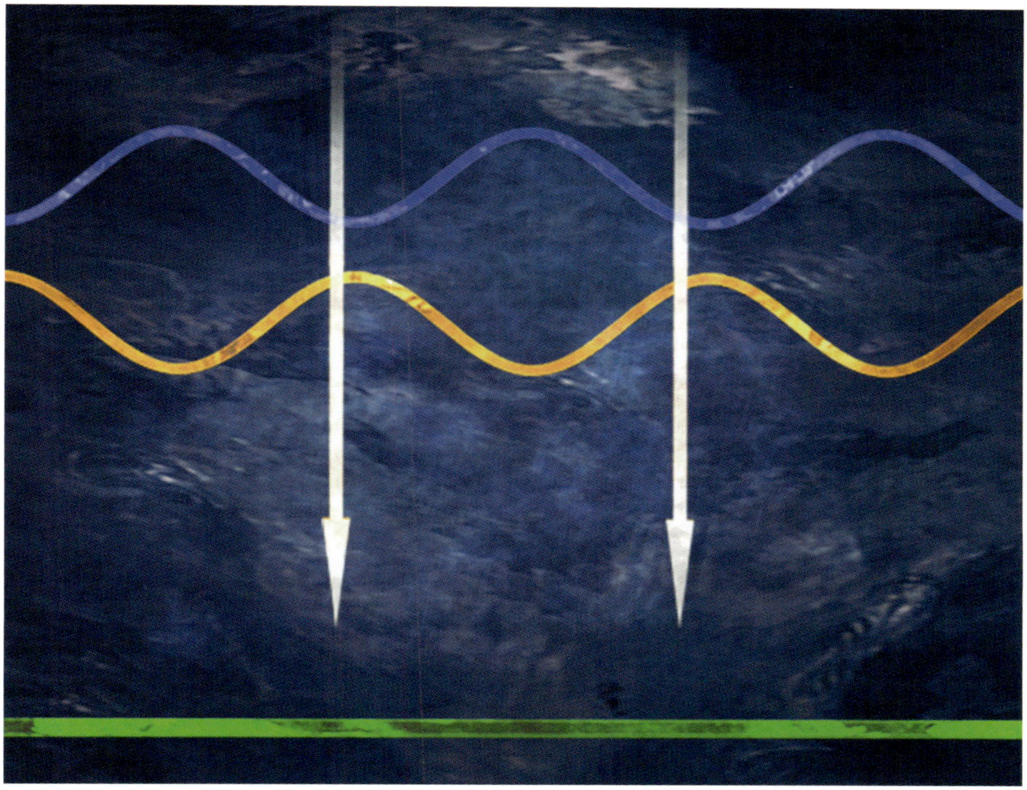

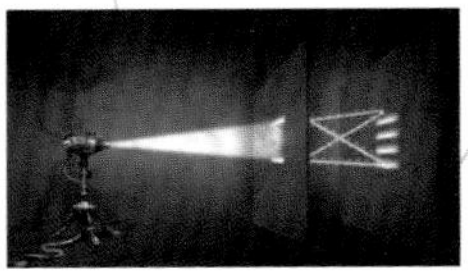

Trajectoires et interférences
Dans l'expérience des deux fentes, la distance que les ondes doivent parcourir de la fente du haut, ou de celle du bas, jusqu'à l'écran diffère en fonction de leur position d'arrivée sur l'écran. On constate que les ondes se renforcent en certaines positions et s'annulent en d'autres, formant ainsi des interférences caractéristiques.

Donc, puisque la distance parcourue sera différente, les ondes provenant des deux fentes ne seront pas toujours en phase au moment d'atteindre leur but. À certains points, les creux d'une onde coïncideront avec les crêtes d'une autre et les amplitudes des ondes s'annuleront ; à d'autres, les crêtes coïncideront entre elles, ou les creux entre eux, et les amplitudes de ces ondes se renforceront en s'ajoutant ; pour la plupart des points, la situation sera intermédiaire. Et le résultat donnera une série caractéristique de franges lumineuses et de franges sombres.

Le plus étonnant, c'est qu'on obtient exactement le même résultat en remplaçant la source lumineuse par une source de particules telle que des électrons dotés d'une vitesse donnée. (Suivant la théorie quantique, si les électrons ont une vitesse définie, les ondes de matière correspondantes ont une longueur d'onde donnée.) Supposez maintenant qu'il n'y ait qu'une seule fente ouverte au moment de projeter les électrons sur la cloison. La plupart seront arrêtés par la cloison, mais certains passeront par la fente et iront heurter l'écran. On pourrait logiquement s'imaginer qu'en ouvrant la deuxième fente on ne ferait qu'augmenter le nombre d'électrons heurtant chaque point de l'écran. Or l'observation montre que si une deuxième fente est ouverte, le nombre d'électrons augmente à certains endroits et diminue à d'autres, comme si les électrons créaient des interférences et se comportaient comme des ondes plutôt que comme des particules.

Imaginez maintenant qu'on envoie les électrons un par un à travers les deux fentes. Y a-t-il encore interférence ? On pourrait s'attendre que chaque électron passe par une fente ou par l'autre et qu'il n'y ait plus d'interférences. En réalité, les interférences réapparaissent comme si chaque électron passait par les *deux* fentes à la fois et interférait avec lui-même !

Ce phénomène d'interférence entre particules fut capital pour nous aider à comprendre la structure des atomes, ces entités de base de la matière. En 1911, Ernest Rutherford imagina que les atomes se comportaient plutôt comme des systèmes planétaires, avec leurs électrons (particules portant une charge d'électricité négative) tournant comme des planètes autour d'un noyau central. L'attraction entre charges électriques négative et positive était censée maintenir les électrons sur leurs orbites, tout comme l'attraction gravitationnelle maintient Soleil et planètes sur les leurs. Mais, selon les lois classiques de la mécanique et de l'électricité (avant la physique quantique), les électrons décrivant ce

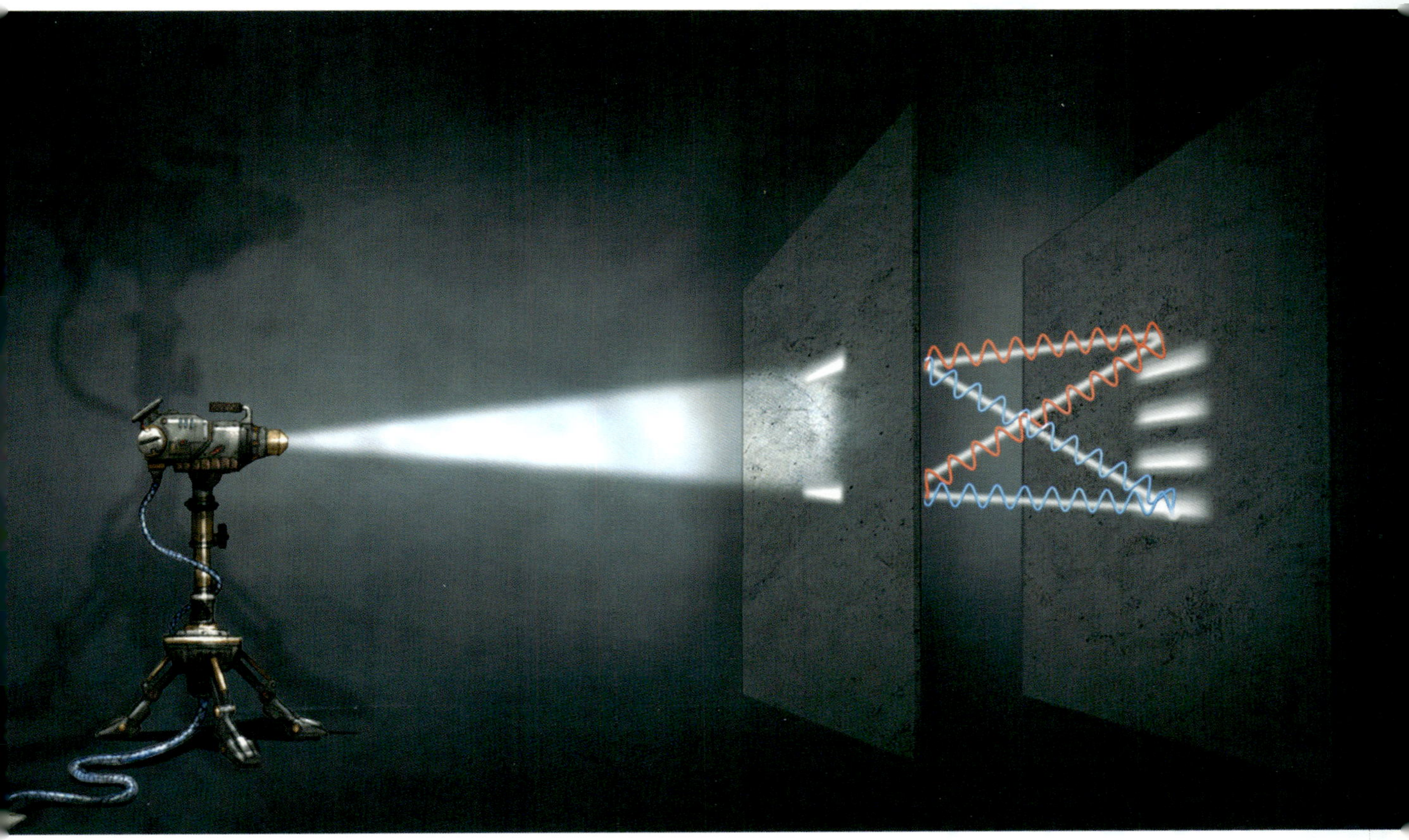

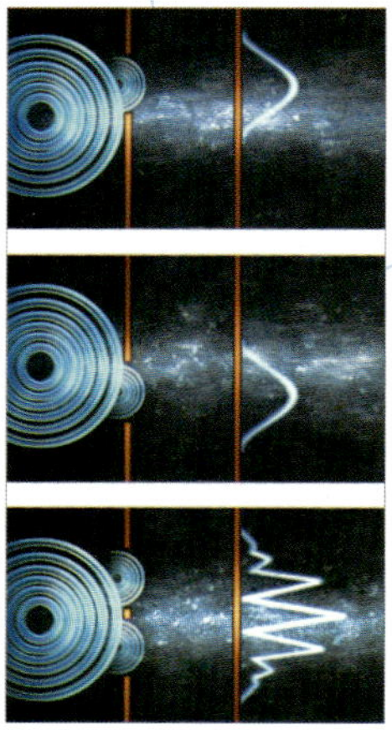

Interférence d'électrons
En raison du phénomène d'interférence, lorsqu'on envoie un faisceau d'électrons à travers deux fentes ouvertes, on n'obtient pas le même résultat que lorsqu'on envoie les électrons à travers chaque fente séparément.

genre d'orbite devraient émettre un rayonnement, ce qui leur ferait perdre de l'énergie : ils seraient alors entraînés en spirale vers le noyau jusqu'à entrer en collision avec lui. Cela impliquerait que l'atome, et en fait toute entité matérielle, devrait rapidement s'effondrer sur lui-même, ce qui ne se produit manifestement pas !

Le physicien danois Niels Bohr résolut partiellement ce problème en 1913, en suggérant que les électrons ne tournent pas à une distance quelconque du noyau, mais seulement à certaines distances particulières. Si l'on suppose qu'un ou deux électrons peuvent décrire une orbite à ces distances particulières, on résoudra le problème de l'effondrement : en effet, une fois rempli le nombre limité d'orbites, les électrons ne pourront plus continuer à être entraînés en spirale vers le centre. Ce modèle fournit une explication correcte de la structure de l'atome le plus simple, l'hydrogène, formé d'un seul électron orbitant autour du noyau, mais on voyait mal comment l'appliquer à des atomes plus complexes. Cette idée d'un nombre limité d'orbites autorisées s'apparentait à un pansement de fortune : ça fonctionnait sur le papier, mais personne ne pouvait savoir à quelle loi fondamentale cela répondait — ni même si loi il y avait. La physique quantique résolut cette difficulté : elle révéla qu'un électron tournant autour du noyau pouvait être considéré comme une onde, avec une longueur d'onde qui dépendait de sa vitesse. Imaginez donc cette onde tournant autour du noyau à une distance particulière, comme suggéré par Bohr : la circonférence de certaines orbites correspondrait à un multiple entier de longueurs d'onde de l'électron et, dans ce cas, la crête d'onde se retrouverait à la même place à chaque tour, si bien que les ondes se renforceraient entre elles. En revanche, pour les orbites dont les circonférences ne correspondent pas un multiple entier de la longueur d'onde de l'électron, chaque crête d'onde finirait par être annulée par un creux. Ces orbites-là sont interdites. La loi de Bohr trouvait enfin une interprétation.

Une façon séduisante de visualiser la dualité onde/corpuscule est ce qu'on appelle l'intégrale des chemins, proposée par le physicien américain Richard Feynman. Dans cette approche, une particule n'est pas censée avoir une trajectoire unique dans l'espace-temps, comme la théorie classique (non quantique) le suggère. La particule est au contraire supposée aller d'un point A à un point B en empruntant tous les chemins possibles reliant ces deux points. À chaque chemin possible, Feynman associe deux quantités : l'une représentant l'amplitude de l'onde, l'autre sa phase, c'est-à-dire sa position dans le cycle (sur une crête ou dans un creux, ou quelque part entre les deux). Pour calculer la probabilité

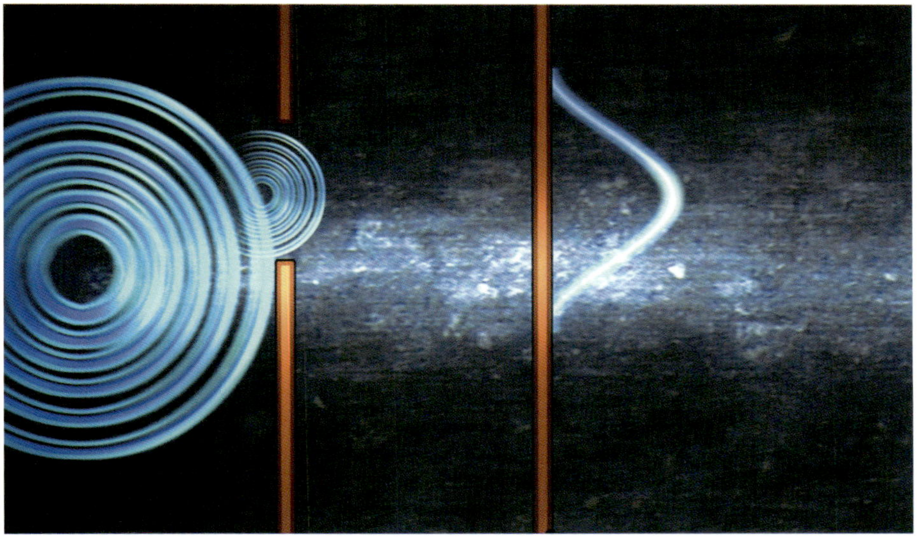

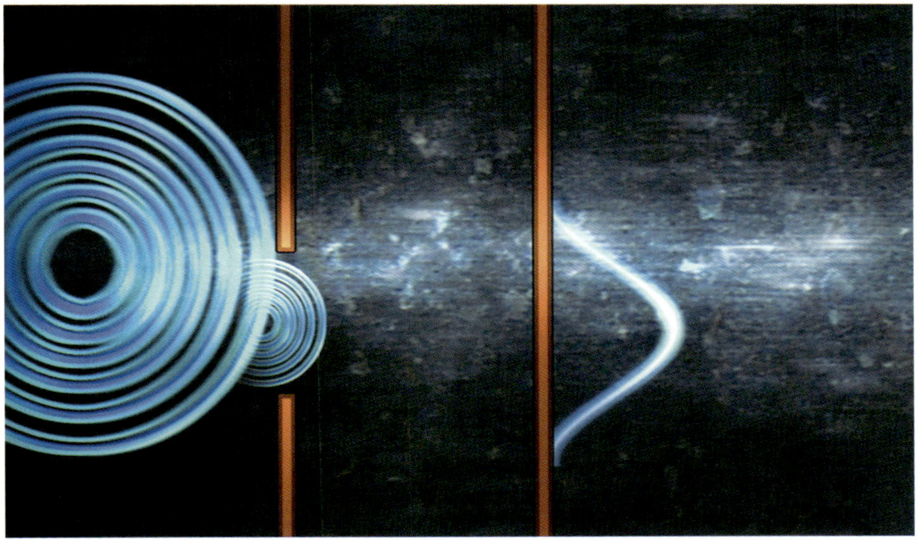

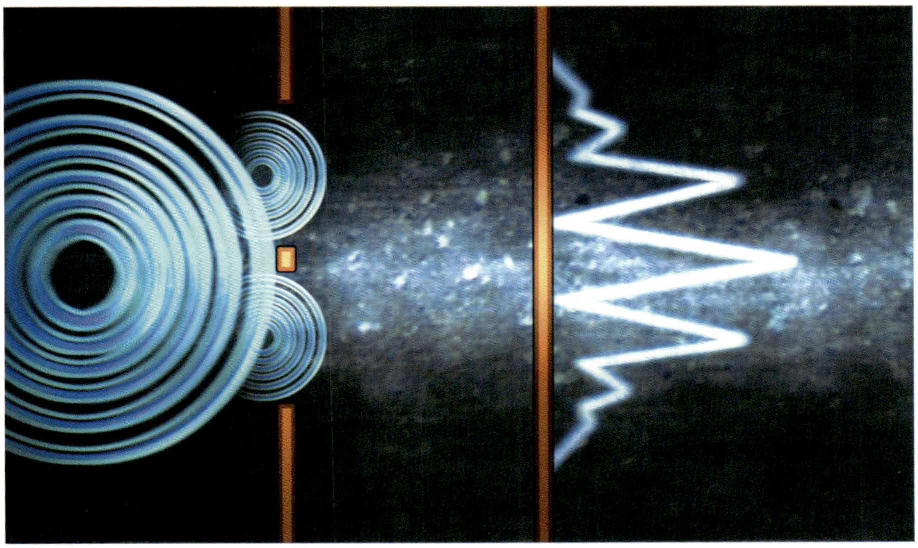

À chaque chemin possible,
Feynman associe deux quantités :

qu'une particule aille du point A au point B, il suffit d'additionner les ondes de tous les chemins reliant A et B. Généralement, si l'on compare deux chemins voisins, on constate des différences notables sur les phases qui leur sont associées. Ce qui signifie que les ondes associées à ces chemins s'annulent presque exactement. Néanmoins, pour certains ensembles de chemins, on note peu de différences de phase, et les ondes qui leur sont associées ne se détruisent pas. Ces chemins-là correspondent aux orbites autorisées de Bohr.

Dès lors, il devenait relativement simple de calculer en termes mathématiques les orbites autorisées pour des atomes plus complexes ou même pour des molécules, qui sont constituées d'un certain nombre d'atomes maintenus ensemble par des électrons virevoltant autour de plusieurs noyaux. Puisque la structure des molécules et leurs interactions sous-tendent toute la chimie et la biologie, la physique quantique nous permet en principe de prédire presque tout ce que nous voyons autour de nous. (En pratique, nous sommes cependant incapables de résoudre les équations décrivant le comportement d'un atome, à l'exception du plus simple, l'hydrogène, constitué d'un seul proton et d'un seul électron, et nous utilisons des approximations et des simulations par ordinateur pour analyser la structure d'atomes et de molécules plus complexes.)

Les ondes associées aux électrons des atomes
Dans le modèle de Bohr, seules les orbites dont la circonférence correspond à un multiple entier de la longueur d'onde d'un électron peuvent subsister sans être détruites par des phénomènes d'interférence.

La théorie quantique a connu un succès considérable et c'est sur elle que reposent presque toute la science et la technologie modernes. Ses lois régissent le fonctionnement des transistors et des circuits intégrés, composants essentiels des appareils électroniques tels que les téléviseurs et les ordinateurs. Elle est également à la base de la chimie et de la biologie modernes. Les seuls domaines des sciences physiques dans lesquels elle n'a pas encore trouvé sa place sont la gravitation et la structure à grande échelle de l'Univers. La théorie de la relativité einsteinienne, nous l'avons vu, devrait prendre en compte les principes de la physique quantique pour être compatible avec les autres théories.

Nous avons déjà dit qu'il convient d'apporter des modifications à la relativité générale. En prédisant des points de densité infinie — appelés singularités —, la théorie de la relativité générale prédit du même coup sa propre faillite, tout comme la mécanique classique signait son arrêt de mort en suggérant que le corps noir devait émettre une énergie infinie ou que les atomes devaient s'effondrer sur eux-mêmes. Comme pour la mécanique classique, nous espérons supprimer ces singularités inacceptables en faisant de la relativité générale classique une théorie quantique, c'est-à-dire en créant une théorie quantique de la gravitation.

Si la relativité générale se trompe, pourquoi toutes les expériences

Mais si la relativité générale se trompe, pourquoi toutes les expériences l'ont-elles vérifiée jusqu'ici ? Tous les champs gravitationnels auxquels nous sommes normalement soumis sont très faibles, aussi n'avons-nous pas encore relevé de contradiction avec l'observation. Mais, quand toute la matière et toute l'énergie de l'Univers sont comprimées en un volume réduit, comme dans l'Univers primordial, le champ gravitationnel devrait devenir très puissant. En présence de champs gravitationnels d'une telle intensité, les effets décrits par la théorie quantique devraient être importants.

Même si nous ne disposons pas encore de théorie quantique de la gravitation, nous pouvons d'ores et déjà avancer certaines de ses caractéristiques. Premièrement, elle devrait intégrer les intégrales des chemins comme expression de la théorie quantique. Deuxièmement, il lui faudrait prendre en compte la suggestion d'Einstein d'un champ gravitationnel représenté par un espace-temps courbe (dans un espace courbe, les particules tendent à suivre la trajectoire la plus proche de la ligne droite, mais, puisque l'espace-temps n'est pas plat, les trajectoires semblent courbées, comme sous l'effet d'un champ gravitationnel). Lorsqu'on applique l'intégrale des chemins de Feynman à la vision einsteinienne de la gravitation, l'équivalent des chemins que suit une particule est un espace-temps courbe représentant une histoire possible de l'Univers tout entier.

Dans la théorie classique de la gravitation, l'Univers a le choix entre deux solutions : soit il existe depuis un temps infini, soit il est né d'une singularité, à un moment précis du passé. Pour les raisons déjà exposées, nous ne pensons pas que l'Univers existe depuis toujours. Pourtant, s'il a eu un commencement et si nous nous en tenons à la relativité générale, nous sommes dans l'obligation de connaître son état initial (ce qui revient à savoir exactement quand et comment il est né) pour déterminer, parmi les solutions aux équations d'Einstein, laquelle décrit notre Univers. Si, à l'origine, Dieu a édicté les lois de la nature, il semble qu'Il ait depuis laissé l'Univers évoluer sans jamais intervenir. Comment a-t-Il donc choisi la configuration initiale de l'Univers ? Au commencement du temps, quelles étaient les conditions aux limites ? Cela pose un problème puisque la relativité générale classique bute justement sur la naissance de l'Univers.

En revanche, une théorie quantique de la gravitation offrirait une possibilité nouvelle qui, si elle était exacte, résoudrait ce problème. En physique quantique, l'espace-temps peut fort bien être fini sans pour autant que ses conditions aux limites fassent appel à des singularités.

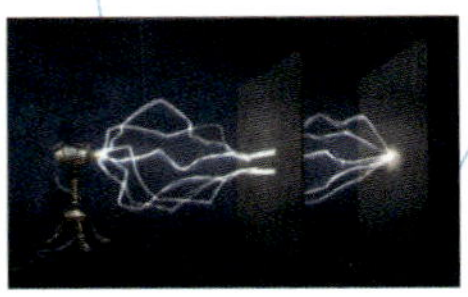

La multiplicité des chemins empruntés par les électrons
Selon la théorie quantique formulée par Richard Feynman, une particule se dirigeant de sa source vers un écran emprunte simultanément tous les chemins possibles.

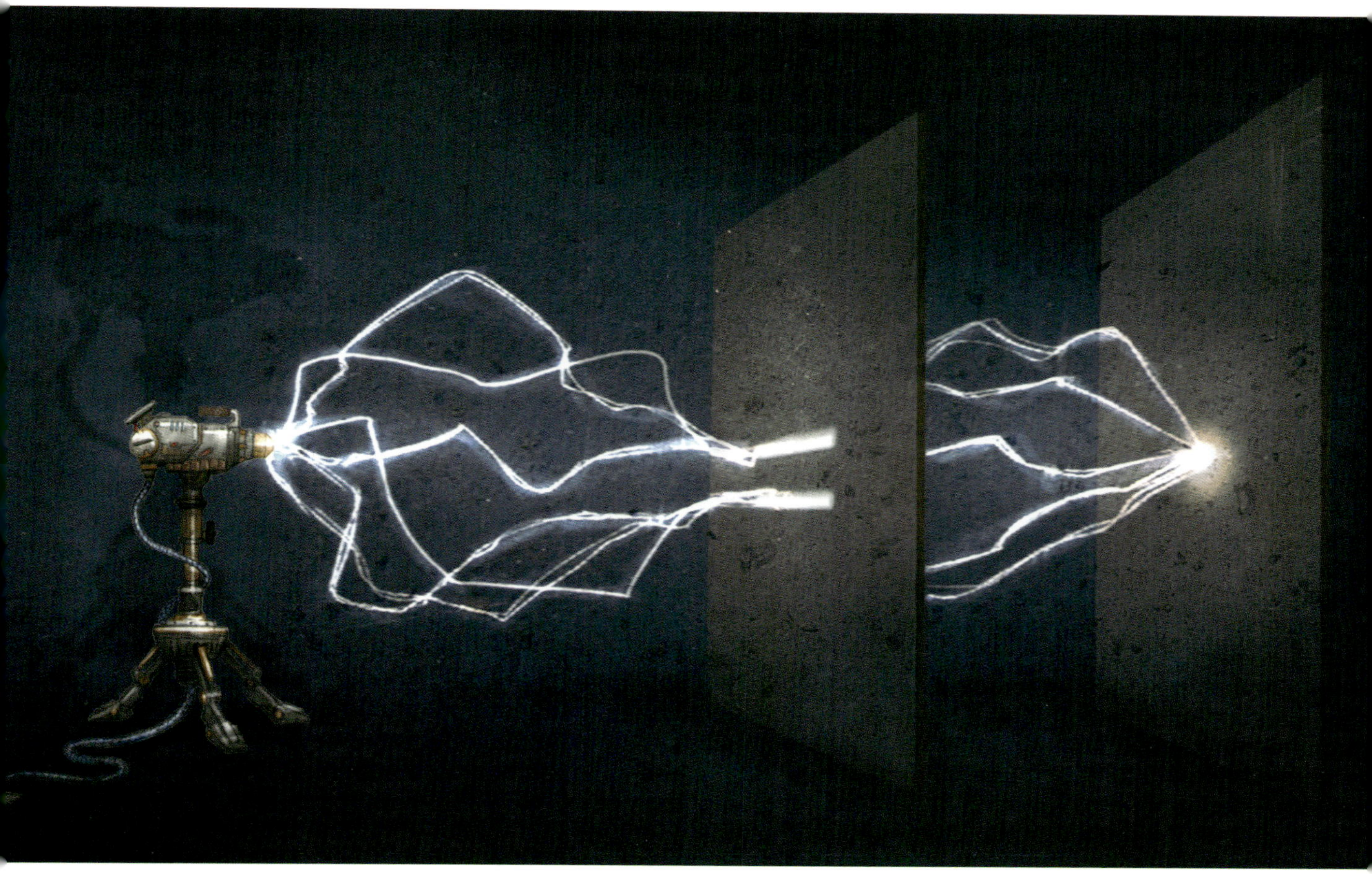

L'espace-temps ressemblerait à la surface de la Terre, mais avec deux dimensions supplémentaires. Si vous voyagez dans une certaine direction à la surface de la Terre, vous ne rencontrez aucune frontière infranchissable et vous ne tombez jamais par-dessus bord : vous finissez par vous retrouver à votre point de départ sans vous être jamais heurté à une singularité. Si donc tout cela pouvait se vérifier, la théorie quantique de la gravitation ouvrirait une nouvelle possibilité, en éliminant toutes les singularités sur lesquelles viennent aujourd'hui buter nos théories physiques.

Si l'espace-temps est dépourvu de conditions aux limites, nous n'avons plus besoin de connaître l'état initial de l'Univers. Plus rien alors ne nous oblige à invoquer Dieu ou quelque nouvelle loi pour définir les conditions aux limites de l'espace-temps. Ce qui pourrait se formuler ainsi : « La condition aux limites de l'Univers, c'est qu'il n'a pas de limites. » L'Univers serait entièrement contenu en lui-même et rien d'extérieur à lui ne pourrait l'affecter. Il ne pourrait être ni créé ni détruit. Il se contenterait d'ÊTRE. Tant que nous pensions que l'Univers avait un commencement, le rôle d'un créateur semblait clair. Mais si l'Univers est vraiment contenu en lui-même, s'il n'a ni bord ni limite, ni commencement ni fin, répondre à la question : quel serait alors le rôle d'un créateur ?, devient moins évident.

10

TROUS de ver ET voyages dans le TEMPS

Nous avons vu combien nos conceptions sur la nature du temps s'étaient modifiées au cours des années. Jusqu'au début du XXe siècle, tout le monde croyait en un temps absolu. Ce qui revenait à dire qu'un seul chiffre, appelé temps, servait à répertorier chaque événement et que toutes les horloges du monde s'accordaient sur la durée séparant deux événements. Cependant, la découverte que la vitesse de la lumière est toujours la même pour tous les observateurs, quelle que soit leur façon de se mouvoir, conduisit à la théorie de la relativité et, du même coup, à l'abandon de l'idée d'un temps unique et absolu. Il n'existe pas de manière unique d'associer un temps à un événement. Au contraire, chaque observateur peut disposer de sa propre mesure du temps indiquée par sa propre horloge, et les horloges des différents observateurs n'indiquent pas forcément le même temps. Ainsi, le temps est devenu un concept plus personnel, dépendant de celui qui le mesure. Malgré tout, on continuait à l'appréhender comme une voie de chemin de fer toute droite qu'on emprunte dans un sens ou dans l'autre. Mais que se passerait-il si jamais la voie se compliquait de boucles et d'embranchements et si le train, tout en continuant à rouler tout droit, se retrouvait dans une gare déjà traversée? En d'autres termes, voyager dans le futur ou dans le passé serait-il possible? H. G. Wells, dans *La Machine à explorer le temps*, et d'autres écrivains de science-fiction depuis, ont étudié ces éventualités. Bien des sujets traités par la science-fiction, comme les sous-marins ou les voyages sur la Lune, sont devenus objets d'expériences scientifiques. Qu'en est-il des projets de voyage dans le temps?

Il est possible de voyager dans le futur. La théorie de la relativité nous enseigne que rien n'empêche de créer une machine à voyager dans le temps qui nous transporterait loin dans le futur. Nous ne disposons pas encore de la technologie nécessaire pour créer une telle machine, mais ce n'est qu'une affaire d'ingénierie : nous savons que c'est faisable. Souvenez-vous du paradoxe des jumeaux (*cf.* chapitre 6) : cette situation pourrait servir de base pour construire une machine de ce type. Selon ce principe, on vous enferme dans la machine, on la met à feu et elle parcourt l'espace à une vitesse proche de celle de la lumière pendant une durée X (qui dépendra de la longueur de temps que vous souhaitez parcourir dans le futur) avant de revenir. Vous ne serez pas surpris de constater que cette machine est aussi un vaisseau spatial puisque, selon la théorie de la relativité, le temps et l'espace sont liés. De toute façon, en ce qui vous concerne, le seul « lieu » où vous vous trouverez pendant toute l'expérience sera l'intérieur de la machine. Et, quand vous en ressortirez, vous constaterez qu'il s'est écoulé beaucoup plus de temps pour les habitants de la Terre que pour vous. Vous aurez voyagé dans le futur. Mais pourrez-vous faire marche arrière ? Est-il possible de créer les conditions nécessaires pour remonter le temps ?

C'est en 1949, grâce à la découverte par le mathématicien Kurt Gödel d'une nouvelle solution aux équations d'Einstein, qu'il nous fut possible de croire que les lois de la physique nous permettaient effectivement de remonter le temps. Depuis, différents modèles mathématiques ont vu le jour, qui s'accordent avec les équations d'Einstein, mais cela ne signifie pas qu'ils correspondent à l'Univers dans lequel nous vivons. Par exemple, ils ne s'accordent ni sur sa naissance ni sur ses conditions aux limites. Nous devons donc les étudier, afin de voir s'ils correspondent ou non à notre Univers.

Gödel s'était rendu célèbre en révélant qu'il était impossible de démontrer la vérité ou la fausseté de certaines propositions même en se limitant à un champ apparemment aussi défini et aride que l'arithmétique. Tout comme le principe d'indétermination, le théorème d'incomplétude de Gödel révèle peut-être une limite fondamentale de notre aptitude à comprendre et à prédire l'Univers. C'est à Princeton (Institute for Advanced Studies), où Gödel a côtoyé Einstein durant les dernières années de leurs vies, qu'il s'est familiarisé avec la théorie de la relativité générale. L'espace-temps de Gödel avait cette curieuse particularité de proposer un Univers tout entier en rotation.

Qu'entend-on par Univers en rotation ? Si être en rotation signifie tourner perpétuellement en rond, cela n'implique-t-il pas l'existence d'un point de référence immobile ? On peut légitimement se demander : « Tourner par rapport à quoi ? » La réponse est un peu technique, mais le

Dans l'espace-temps de Gödel, un des effets mathématiques secon

résultat en est que la matière lointaine serait en rotation par rapport aux directions pointées par les gyroscopes dans l'Univers. Dans l'espace-temps de Gödel, un des effets mathématiques secondaires de cette affirmation serait la possibilité pour un homme ayant effectué un voyage très loin de la Terre d'être de retour avant d'être parti.

Einstein fut vraiment troublé de constater que ses équations permettaient une telle éventualité, car il avait toujours cru que la relativité générale n'autorisait pas les voyages dans le temps. Néanmoins, si la solution de Gödel satisfait les équations d'Einstein, elle ne correspond pas pour autant à l'Univers dans lequel nous vivons, car toutes nos observations montrent que notre Univers n'est pas en rotation, du moins pas de façon significative. De même, l'Univers de Gödel, contrairement au nôtre, n'est pas en expansion. Malgré tout, depuis lors, après s'être penchés sur les équations d'Einstein, des scientifiques ont trouvé d'autres espaces-temps compatibles avec la relativité générale et permettant les voyages dans le passé. Pourtant, des observations du rayonnement micro-ondes et de l'abondance d'éléments chimiques comme l'hydrogène et l'hélium indiquent que l'Univers primordial n'avait pas la courbure requise par ces modèles pour permettre les voyages dans le temps. Si l'hypothèse d'un Univers sans limites est correcte, on en arrive à la même conclusion sur le plan théorique. La question est donc la suivante : si l'Univers a débuté sans la courbure nécessaire au voyage dans le temps, est-il possible de déformer suffisamment certaines zones localisées de l'espace-temps pour permettre ces voyages ?

Voyager dans le temps
Les auteurs dans une machine à voyager dans le temps...

Là encore, vous ne serez pas surpris d'apprendre que remonter le temps implique de se demander s'il est possible de voyager plus vite que la lumière. C'est facile à comprendre : si la dernière phase de votre voyage consiste à remonter dans le temps, vous pouvez effectuer l'ensemble du voyage en un temps aussi court que vous le souhaitez, donc voyager à une vitesse illimitée ! Mais cela marche aussi dans l'autre sens : si vous pouvez voyager à une vitesse illimitée, il vous est possible de remonter dans le temps. L'un ne va pas sans l'autre.

Les écrivains de science-fiction se sont beaucoup intéressés à cette question du voyage plus rapide que la lumière, mais se heurtent à un problème : selon la relativité, si nous envoyons un vaisseau spatial sur l'étoile qui nous est la plus proche, Proxima du Centaure, située à environ quatre années-lumière, il faudrait attendre au moins huit ans avant d'espérer le retour des cosmonautes. Et, si l'on souhaitait se rendre au centre de notre galaxie, on devrait patienter au moins cent mille ans avant le retour de l'expédition. Ce qui n'est guère propice à la rédaction d'une

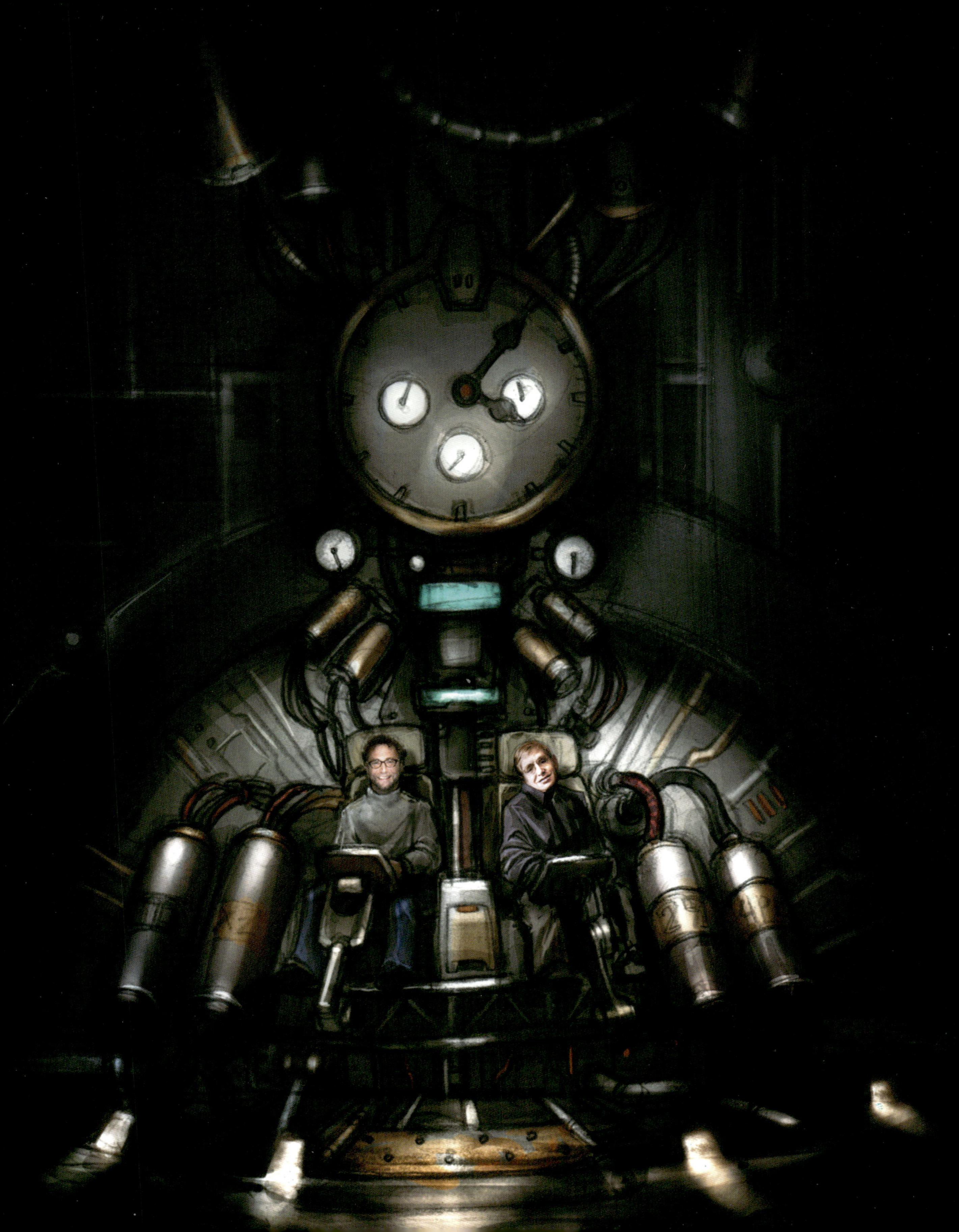

chronique de la guerre intergalactique! Pourtant, cette même théorie nous offre une consolation (en relation une fois encore avec le paradoxe des jumeaux) : ce voyage dans le temps peut apparaître beaucoup plus court pour nos cosmonautes que pour nous, qui sommes restés sur Terre. Mais quelle tristesse que de rentrer d'un voyage dans l'espace à peine plus âgés qu'avant de partir et de découvrir que tous ceux qu'on a laissés sur Terre sont morts et enterrés depuis des milliers d'années! Les auteurs de science-fiction ont donc été obligés de supposer que les hommes finiraient par trouver le moyen de voyager plus vite que la lumière; mais la plupart ne semblent pas avoir compris que voyager plus vite que la lumière impliquerait nécessairement de pouvoir remonter le temps, comme le dit la chanson :

«Il y avait une jeune dame de Madère
Qui voyageait plus vite que la lumière
Elle partit aujourd'hui,
En chemin relatif,
Et arriva hier.»

Voici la raison de cette corrélation : selon la théorie de la relativité, non seulement il n'y a pas une mesure unique du temps sur laquelle s'entendraient tous les observateurs, mais ces observateurs peuvent même ne pas s'accorder sur l'ordre des événements. Plus particulièrement, dans le cas où deux événements, A et B, sont situés à une distance si éloignée dans l'espace qu'une fusée doit voyager plus vite que la lumière pour se rendre de A jusqu'à B, deux observateurs voyageant à des vitesses différentes peuvent très bien être en désaccord sur l'ordre dans lequel se sont produits A et B. Supposons, par exemple, que l'événement A soit la finale du 100-mètres aux Jeux olympiques de 2012 et l'événement B l'ouverture du 100 004e meeting du congrès de Proxima du Centaure. Supposons encore que, pour un observateur demeuré sur Terre, l'événement A soit le premier, et B le second. Admettons que, pour lui, B se soit produit un an après A, c'est-à-dire en 2013 selon l'écoulement du temps terrestre. La Terre et Proxima du Centaure étant à quatre années-lumière de distance, les deux événements illustrent bien notre propos : bien que A ait lieu avant B, il faudrait voyager plus vite que la lumière pour se rendre de A à B. Et, pour un observateur se trouvant sur Proxima du Centaure et s'éloignant de la Terre à une vitesse proche de celle de la lumière, l'ordre des événements serait inversé : B précéderait A. Cet observateur affirmerait qu'il est possible, en voyageant plus vite que la lumière, de partir de l'événement B pour aller vers l'événement A. En fait, si l'on pouvait se déplacer à cette vitesse, on aurait même le temps de revenir sur Proxima du Centaure avant que ne débute la finale et de parier avec certitude sur le gagnant !

Briser le mur de la vitesse de la lumière présente un problème. Selon la théorie de la relativité, la puissance nécessaire à la fusée pour lancer un vaisseau spatial est de plus en plus importante à mesure que la vitesse de celui-ci se rapproche de celle de la lumière. Nous avons pu en faire l'expérience non avec des capsules spatiales, mais avec des particules élémentaires dans des accélérateurs de particules comme ceux de Fermilab ou du Centre européen pour la recherche nucléaire (CERN). Il est possible d'accélérer les particules jusqu'à 99,99 % de la vitesse de la lumière, mais, quelle que soit la puissance utilisée, on ne parvient jamais à leur faire franchir le mur de la lumière. Il en est de même avec les vaisseaux spatiaux : peu importe la puissance de la fusée, ils n'accéléreront jamais au-delà du mur de la lumière. Ce qui semble écarter à la fois la possibilité des voyages rapides dans l'espace et celle des voyages dans le passé.

Il existe pourtant une solution, qui consisterait à incurver l'espace-temps de façon à trouver un raccourci entre A et B. L'un des moyens serait de créer un « trou de ver » entre A et B. Comme le suggère son nom, un trou de ver est un cylindre très mince d'espace-temps qui permet de relier deux régions presque plates fort éloignées l'une de l'autre. C'est un peu comme si vous vous trouviez au pied d'une chaîne de montagnes. Pour vous rendre de l'autre côté de la montagne, il faudrait normalement grimper jusqu'au sommet, puis redescendre jusqu'en bas en parcourant un très long chemin — sauf s'il existait un trou de ver (ou tunnel) géant perçant le roc de part en part. Rien n'empêche d'imaginer que nous puissions créer, ou découvrir, un trou de ver qui nous conduirait des abords de notre système solaire jusqu'à Proxima du Centaure. Le trou de ver réduirait la distance à quelques millions de kilomètres, alors que, dans l'espace réel, la Terre et Proxima du Centaure sont situées à plus de trente billions de kilomètres l'une de l'autre. Si nous transmettons les résultats du 100-mètres en passant par le trou de ver, ceux-ci pourraient parvenir sur Proxima du Centaure avant l'ouverture du congrès. Mais rien n'empêcherait un autre observateur se dirigeant vers la Terre de trouver un autre trou de ver qui lui permettrait, en partant de Proxima du Centaure lors de l'ouverture du congrès, d'arriver sur Terre avant le début de la course. Il en résulte que les trous de ver, comme toute autre forme de voyage plus rapide que la lumière, devraient nous permettre de voyager dans le passé.

Trou de ver
Si les trous de ver existent, ils pourraient servir de raccourcis entre des points très éloignés dans l'espace.

Les trous de ver, comme toute autre forme de voyage

L'hypothèse de trous de ver reliant différentes régions de l'espace-temps n'est pas une invention d'écrivains de science-fiction. Son origine est très respectable. En 1935, Albert Einstein et Nathan Rosen écrivirent un article dans lequel ils démontraient que la relativité générale autorisait l'existence de ce qu'ils appelaient des ponts, qui ne sont autres que les trous de ver d'aujourd'hui. Les ponts d'Einstein-Rosen n'avaient pas une durée assez longue pour permettre à un vaisseau spatial de les emprunter : le vaisseau tombait dans une singularité à mesure que le trou de ver se bouchait. Il fut néanmoins suggéré qu'une civilisation avancée pourrait être capable de maintenir l'ouverture des trous de ver. Pour y parvenir, ou pour déformer l'espace-temps de manière à pouvoir voyager dans le temps, il est aisé de montrer qu'il est besoin d'une zone de courbure négative, comme la surface d'une selle. La matière ordinaire, qui possède une densité d'énergie positive, donne à l'espace-temps une courbure positive, comme la surface d'une sphère. Il nous faut donc une matière à énergie négative si nous voulons provoquer dans l'espace-temps la courbure négative qui nous permettra de voyager dans le passé.

Qu'est-ce qu'une densité d'énergie négative ? L'énergie, c'est un peu comme l'argent : si votre compte est créditeur, vous pouvez dépenser votre argent comme vous l'entendez, mais, selon les lois classiques en vigueur au début du siècle dernier, vous ne serez pas autorisé à avoir un découvert. Ces lois auraient écarté d'office toute densité d'énergie négative et, par voie de conséquence, toute possibilité de remonter le temps. Néanmoins, nous savons à présent que les lois classiques ont laissé place aux lois quantiques fondées sur le principe d'indétermination. Les lois quantiques sont plus libérales et vous autorisent un découvert sur un ou deux comptes, à condition que la somme globale soit positive. En d'autres termes, la théorie quantique permet d'avoir une densité d'énergie négative à certains endroits pourvu qu'elle soit compensée par des énergies positives à d'autres, de telle sorte que l'énergie globale demeure positive. Autant de bonnes raisons de croire qu'il est possible d'infléchir l'espace-temps et d'obtenir une courbure permettant les voyages dans le temps…

Selon l'intégrale des chemins de Feynman, le voyage dans le passé existe déjà, en un sens, à l'échelle des particules isolées. Dans la méthode de Feynman, une particule ordinaire avançant dans le temps équivaut à une antiparticule qui remonte le temps. Dans ses équations mathématiques, une paire particule/antiparticule se crée, puis se détruit mutuellement pour se transformer en une particule isolée voyageant en boucle fermée dans l'espace-temps. Essayons de nous représenter ce processus de façon traditionnelle : à un certain moment (appelons-le temps A) se créent une particule et une antiparticule. Toutes deux avancent ensemble dans le temps. Un peu plus tard (appelons cet instant temps B), elles se remettent à interagir et se détruisent. Avant A et après B, il n'existe aucune particule. Pourtant, d'après Feynman, on peut voir les choses autrement. Au temps A, une seule particule est créée. Elle évolue vers le temps B, puis remonte vers le temps A. Au lieu d'une paire particule/antiparticule avançant dans le temps, il y aurait un seul objet se déplaçant en boucle de A vers B et retour. Quand l'objet avance dans le temps (de A vers B), on l'appelle particule. Mais, lorsqu'il remonte dans le temps (de B vers A), il apparaît comme une antiparticule avançant dans le temps.

De tels voyages dans le temps peuvent produire des effets observables. Par exemple, supposons que l'un des membres de la paire particule/antiparticule (disons l'antiparticule) tombe dans un trou noir, laissant l'autre sans partenaire avec lequel il pourrait se détruire. La particule délaissée pourrait elle aussi tomber dans le trou ou bien s'en échapper. Dans ce dernier cas, elle serait susceptible d'apparaître aux yeux d'un observateur lointain comme une particule émise par le trou noir. On peut néanmoins avoir une image intuitive différente, mais équivalente, du mécanisme de l'émission de rayonnement provenant des trous noirs. Rien n'empêche de considérer le membre de la paire tombé dans le trou noir (disons l'antiparticule) comme une particule remontant le temps à partir du trou. Lorsqu'elle arrive au point où la paire particule/antiparticule est apparue, elle est transformée par le champ gravitationnel du trou noir en particule voyageant dans le futur et s'échappant du trou noir. À l'inverse, si le membre tombé dans le trou était la particule, on pourrait la considérer comme une antiparticule voyageant dans le passé et sortant du trou noir. Ainsi, le rayonnement émis par les trous noirs montre que la théorie quantique permet les voyages dans le passé à une échelle microscopique.

Il devient donc légitime de se demander si, une fois les progrès en science et en technologie avérés, la théorie quantique permettra la construction d'une machine à voyager dans le temps. À première vue, la chose paraît faisable. La proposition de l'intégrale des chemins de Feynman est censée couvrir tous les chemins. Elle devrait donc inclure les chemins dans lesquels l'espace-temps est assez déformé pour permettre de voyager dans le passé. Pourtant, si les lois connues de la physique ne semblent pas écarter toute possibilité de voyage dans le temps, d'autres raisons nous poussent à nous interroger.

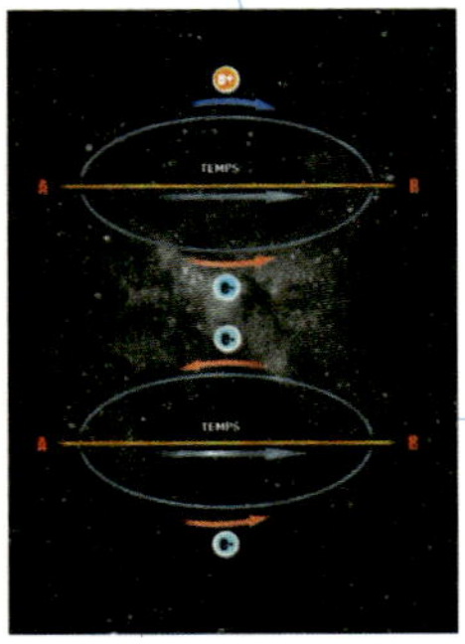

Une antiparticule à la Feynman
Une antiparticule peut être envisagée comme une particule voyageant dans le passé. C'est pourquoi une paire virtuelle particule/antiparticule peut être considérée comme une particule se déplaçant en boucle fermée dans l'espace-temps.

En voici une : s'il est possible de voyager dans le passé, pourquoi personne n'est-il jamais revenu du futur pour nous dire comment s'y prendre ? Il y aurait certes quelques bonnes raisons de ne pas nous confier un tel secret, étant donné le stade primitif de notre développement, mais, à moins d'un changement radical de la nature humaine, il est difficile de croire qu'un visiteur arrivant du futur ne vende pas la mèche. Bien sûr, certains pourront arguer que les observations d'OVNI apportent bel et bien la preuve que nous recevons la visite d'extraterrestres ou de gens venus du futur. (Étant donné la distance à laquelle se trouvent les autres étoiles, si des extraterrestres voulaient nous atteindre en un temps raisonnable, ils devraient voyager plus vite que la lumière, donc les deux possibilités s'équivalent.) On pourrait aussi expliquer l'absence de visiteurs du futur par la courbure fixe du passé, puisque nos observations nous ont montré qu'il ne possédait pas la courbure nécessaire pour permettre de remonter le temps. À l'inverse, le futur étant inconnu et ouvert, il pourrait fort bien avoir la courbure requise. Ce qui signifie que tout voyage dans le temps serait limité au futur et qu'il n'y aurait pas la moindre chance de voir surgir aujourd'hui le capitaine Kirk et son vaisseau spatial *Enterprise*.

Cela pourrait expliquer que nous n'ayons pas encore été envahis par des touristes venus du futur, mais un autre type de problème ne manquerait pas de surgir s'il était possible de remonter le temps et de modifier l'Histoire : pourquoi n'avons-nous pas d'ennuis avec l'Histoire ? Supposons, par exemple, qu'un homme ait pu revenir sur Terre et ait soufflé aux nazis le secret de la bombe atomique ou que, lors d'un retour dans le passé, vous tuiez votre arrière-arrière-grand-père avant qu'il ait eu des enfants. Il y a différentes façons d'illustrer ce paradoxe, mais nous parvenons toujours au même résultat : si nous étions libres de modifier le passé, nous serions confrontés à un grand nombre de contradictions.

Deux possibilités sont envisageables pour résoudre de tels paradoxes. La première pourrait s'appeler l'approche cohérente des histoires. Elle énonce que, même si l'espace-temps a la courbure requise pour permettre les voyages dans le passé, tout ce qui se produit dans cet espace-temps doit être en accord avec les lois de la physique. En d'autres termes, selon ce principe, il vous serait impossible de remonter le temps sauf si l'Histoire précisait que vous étiez revenu et que lors de ce voyage vous n'aviez pas tué votre arrière-arrière-grand-père ni accompli d'autres actes qui pourraient entrer en conflit avec votre situation présente. Une fois revenu, vous ne seriez pas plus en mesure de modifier l'Histoire déjà consignée, vous vous contenteriez de la suivre. De ce point de vue,

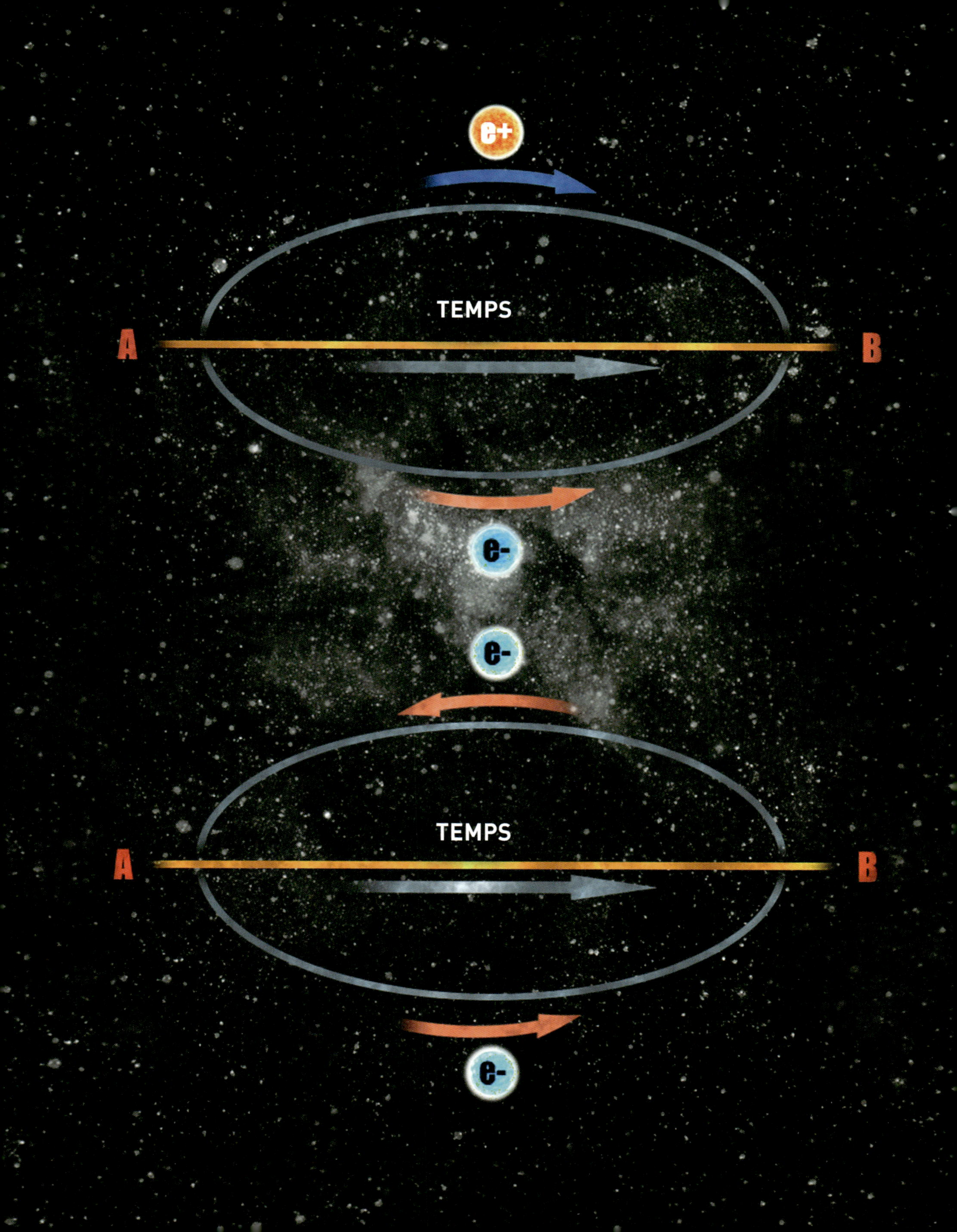
e+
TEMPS
A
B
e-
e-
TEMPS
A
B
e-

le passé et le futur sont préprogrammés : vous ne seriez pas libre de faire ce qu'il vous plaît.

Naturellement, vous pourriez avancer que le libre arbitre est toujours illusoire. Une théorie complète de la physique devrait tout gouverner, donc également déterminer nos actions. C'est ce qu'elle fait, mais d'une manière impossible à calculer pour un organisme aussi complexe qu'un être humain, en incluant une certaine part de hasard due aux effets de la physique quantique. On pourra donc s'en sortir en disant que les êtres humains possèdent un libre arbitre puisqu'il est impossible de prédire ce qu'ils vont faire. Néanmoins, si un homme monté à bord d'un vaisseau spatial revenait plus tôt qu'il n'était parti, nous pourrions prédire ses actes puisque ceux-ci feraient partie de l'Histoire déjà consignée. Par conséquent, dans cette situation, le voyageur dans le temps n'aurait plus le moindre libre arbitre.

La seconde possibilité pourrait s'appeler l'hypothèse des histoires alternatives. De ce point de vue, les voyageurs retournant dans le passé se retrouvent dans des histoires alternatives qui diffèrent de l'histoire consignée. Ils peuvent donc agir librement, sans la contrainte d'être en accord avec leur histoire présente. Steven Spielberg a joué avec cette idée dans sa trilogie *Retour vers le futur* : dans le premier film, on y voyait Marty McFly revenir sur Terre et améliorer la relation de ses parents pour en faire une histoire d'amour plus satisfaisante.

L'hypothèse des histoires alternatives semble faire écho à la proposition de Feynman présentant la théorie des quanta comme une intégrale des chemins (*cf.* chapitre 9). L'idée avancée était que l'Univers n'avait pas une seule histoire, mais toutes les histoires possibles — chacune ayant son taux de probabilité. Cependant, il semble y avoir une différence importante entre la proposition de Feynman et les histoires alternatives. Dans l'intégrale de Feynman, chaque histoire inclut un espace-temps complet, avec tout ce qu'il contient. Et cet espace-temps peut subir une déformation rendant possible un voyage en capsule spatiale dans le passé. Mais la capsule demeurerait dans le même espace-temps, donc dans la même histoire, qui devrait avoir sa cohérence. Ainsi, la proposition de Feynman donne raison à l'approche cohérente des histoires plutôt qu'à celle des histoires alternatives.

Nous pouvons éviter tous ces problèmes en adoptant ce qu'on pourrait appeler la conjecture de la protection chronologique. Celle-ci affirme que les lois de la physique se liguent pour empêcher tout corps macroscopique de transporter des informations dans le passé. Cette hypothèse n'a pas été prouvée, mais nous avons une bonne raison d'y croire : lorsque l'espace-temps a la courbure nécessaire pour permettre de voyager dans le passé, les calculs utilisant la physique quantique montrent que les paires particules/antiparticules qui ne cessent de tourner en boucles fermées peuvent créer des densités assez fortes pour provoquer dans l'espace-temps une courbure positive contrariant la déformation qui permettrait le voyage dans le temps. Comme nous n'avons encore aucune certitude, la possibilité de voyager dans le temps demeure ouverte. Mais ne pariez pas sur elle : votre adversaire pourrait avoir l'avantage injuste de connaître l'avenir.

11

LES QUATRE FORCES de LA NATURE et l'unification de LA PHYSIQUE

Personne n'aurait pu élaborer une théorie complète et unifiée de tout l'univers du premier coup. Il a bien fallu progresser pas à pas, en avançant des théories partielles qui décrivent chacune certains aspects seulement de la réalité, et en négligent d'autres, ou leur substituent certaines approximations qui se réduisent souvent au choix de nombres particuliers. Les lois de la physique, telles que nous les connaissons aujourd'hui, contiennent de nombreuses quantités, comme la charge de l'électron, ou le rapport entre les masses du proton et de l'électron, que la théorie n'est pas capable de prédire, du moins pas pour l'instant. On se contente de les mesurer, et on les injecte telles quelles dans les équations. Certains les appellent constantes fondamentales, d'autres constantes rafistolantes. Quoi qu'il en soit, la valeur exacte de ces nombres a toujours quelque chose de remarquable : il semble que ces nombres aient été ajustés très précisément pour que la vie puisse se développer. Si la charge électrique de l'électron, par exemple, avait été un peu différente, l'équilibre entre la force électrique et la force gravitationnelle au sein des étoiles eût été rompu. Les étoiles n'auraient pu brûler l'hydrogène et l'hélium, ou bien n'auraient pas explosé, et la vie, dans cette hypothèse, n'aurait pu apparaître.

Chacun espère, évidemment, qu'on trouvera au bout du compte une théorie unifiée complète et cohérente, incluant toutes les théories approchées élaborées entre-temps, et dont on n'aurait pas besoin d'ajuster les paramètres en allant piocher ailleurs des nombres arbitraires (telle la charge de l'électron) pour décrire les faits expérimentaux.

On parle d'unification de la physique pour évoquer cette quête.

Einstein y a consacré, sans succès, les dernières années de sa vie. À l'époque, s'il existait des théories partielles pour la gravitation et la force électromagnétique, on savait encore très peu de chose sur les forces nucléaires. De plus, pour Einstein, la physique quantique et ses probabilités devaient cacher quelque chose de plus profond. Pourtant, le principe d'indétermination est bien l'une des propriétés fondamentales de l'Univers dans lequel nous vivons. Toute théorie unifiée doit nécessairement l'inclure.

Les chances de trouver cette théorie semblent aujourd'hui meilleures que par le passé, car nous en savons bien davantage sur l'Univers. Mais ne soyons pas trop sûrs de nous : tant d'espoirs ont été déçus ! Au début du XXe siècle, par exemple, on pensait que les propriétés des milieux continus, comme l'élasticité ou la conduction thermique, expliqueraient tout. La découverte de la structure atomique de la matière et celle du principe d'indétermination ont réduit cet espoir à néant. En 1928, le physicien et prix Nobel Max Born avait osé annoncer à un groupe visitant l'université de Göttingen : « La physique telle que nous la connaissons aujourd'hui sera achevée dans six mois. » S'il se permettait d'être aussi affirmatif, c'est que Paul Dirac venait de découvrir l'équation régissant le comportement de l'électron. On avait alors naïvement pensé qu'une équation du même genre devait gouverner le comportement du proton (la seule autre particule connue à l'époque), et qu'une fois celle-ci établie la physique théorique serait achevée. La découverte du neutron et des forces nucléaires mit par terre ces prévisions.

Cela dit, nous avons quelques raisons d'afficher aujourd'hui un optimisme prudent et de caresser l'espoir de voir s'achever la quête des lois ultimes de la nature.

En physique quantique, toutes les forces et interactions entre particules de matière sont censées être véhiculées par des particules (on parle de particules « vecteurs » de la force). En effet, toute particule de matière, comme un électron ou un quark, émet des particules-vecteurs. Le recul provoqué par cette émission modifie la vitesse de la particule de matière, exactement comme un canon subit une poussée vers l'arrière chaque fois qu'il tire un boulet. La particule-vecteur se heurte ensuite sur sa trajectoire à une autre particule de matière qui l'absorbe, ce qui modifie le mouvement de cette particule. L'émission, et l'absorption qui s'ensuit, donnent un résultat identique à l'exercice d'une force directe entre les deux particules de matière considérées.

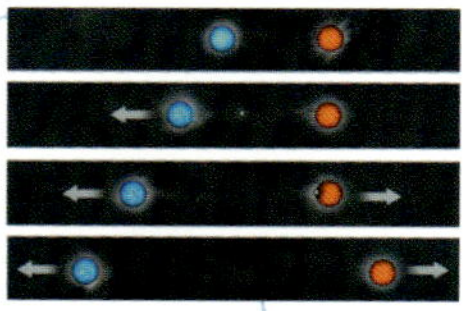

Échange de particules
Selon la physique quantique, les forces proviennent de l'échange de particules vecteurs-de-force.

Chaque force a sa propre famille de particules-vecteurs. Si ces dernières ont une masse élevée, il sera difficile de les produire et de les échanger à grande distance. Les forces qu'elles transporteront n'auront alors qu'une portée faible. En revanche, si elles n'ont pas de masse propre, leurs forces auront une grande portée. Ces particules vecteurs-de-force, échangées entre deux particules de matière, sont dites virtuelles parce que, contrairement aux particules réelles, elles ne peuvent être décelées par un détecteur (puisqu'elles ne circulent qu'entre les deux particules). Nous savons néanmoins que les particules virtuelles existent, car elles produisent un effet mesurable : sans elles il n'y aurait pas de forces entre particules de matière.

On peut classer les particules-vecteurs en quatre catégories. Insistons sur le fait que cette classification a été imaginée par les chercheurs pour faciliter l'élaboration progressive de théories de plus en plus précises mais qu'elle ne renvoie pas nécessairement à une réalité plus profonde. La plupart des physiciens pensent qu'on finira bien par trouver une théorie unifiée dans laquelle ces quatre forces apparaîtront comme différents aspects d'une force unique. D'aucuns vous diront même que c'est le principal objectif de la physique contemporaine.

Première catégorie : la force gravitationnelle. C'est une force universelle, c'est-à-dire que toute particule subit cette force, en proportion de sa masse ou de son énergie. Elle serait due à l'échange de particules virtuelles appelées gravitons. La gravité est de loin la plus faible des quatre forces ; elle est tellement faible qu'on n'en soupçonnerait pas la présence si elle ne possédait deux propriétés importantes : elle a une très grande portée et elle est toujours attractive. En d'autres termes, si l'on considère deux corps très lourds, comme la Terre et le Soleil, les forces gravitationnelles, qui sont très faibles entre deux particules données, peuvent s'ajouter pour produire une force totale importante. Quant aux trois autres forces, soit leur portée est faible, soit elles sont tantôt attractives tantôt répulsives, si bien que leur effet moyen est nul, en général.

Deuxième catégorie : la force électromagnétique. Elle agit entre particules chargées électriquement, comme les électrons et les quarks, mais pas sur des particules non chargées, tels les neutrinos. Elle est beaucoup plus forte que la force gravitationnelle : la force électromagnétique entre deux électrons est environ un million de millions de millions de millions de millions de millions de millions de fois (10^{42}) supérieure à la force gravitationnelle. Il faut souligner, toutefois, qu'il existe deux sortes de charges électriques : les charges positives et négatives. La force exercée entre deux charges positives est répulsive, tout comme

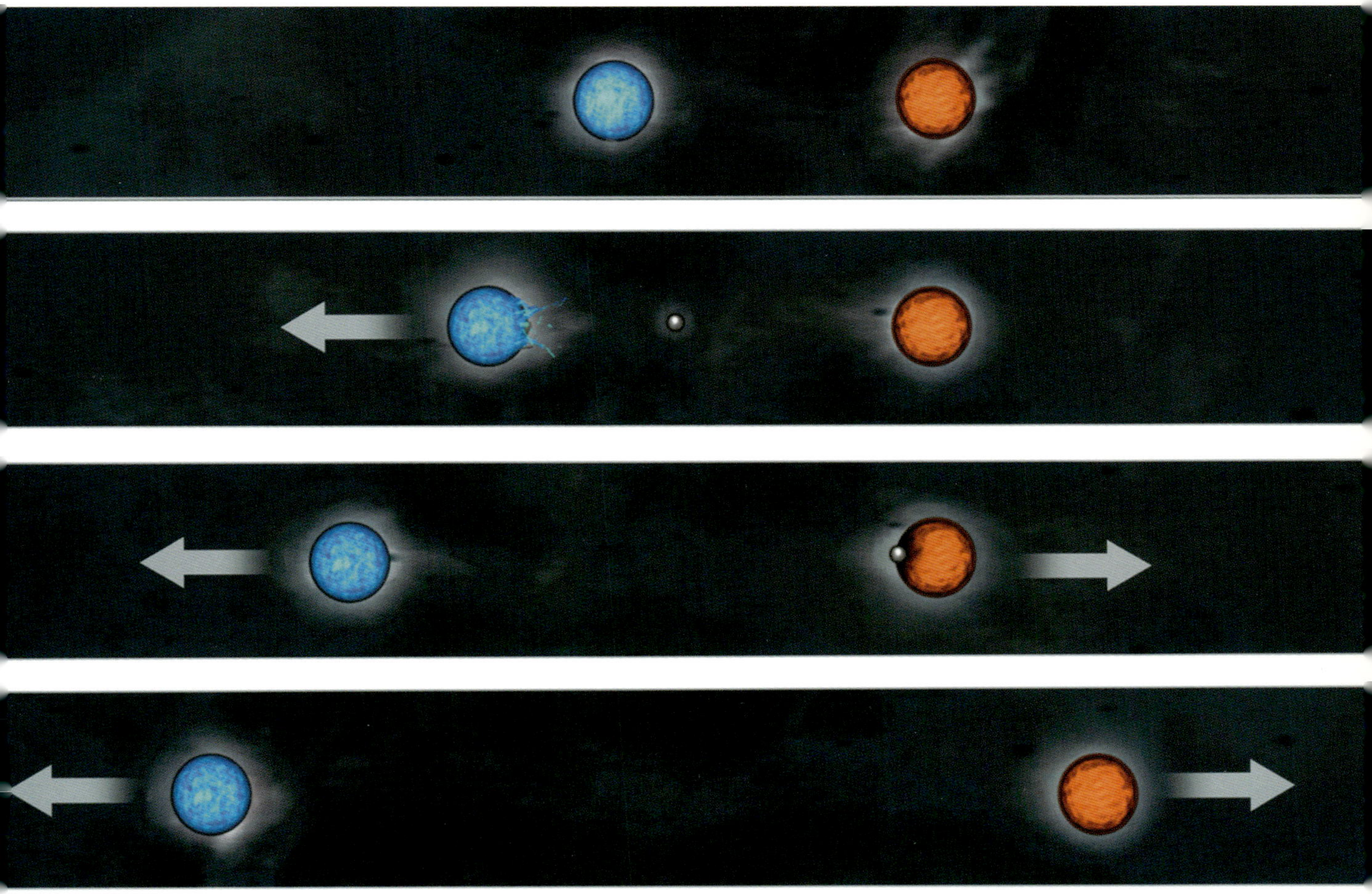

celle exercée entre deux charges négatives, mais la force agissant entre une charge négative et une charge positive est, elle, attractive. Un corps lourd, tel que le Soleil ou la Terre, renferme un nombre presque égal de charges positives et négatives, si bien que la somme des forces attractives et répulsives s'exerçant entre toutes les particules s'annule presque complètement. En conséquence, la force électromagnétique résiduelle est très faible. En revanche, à l'échelle des atomes ou des molécules, c'est la force électromagnétique qui domine.

L'attraction électromagnétique à l'intérieur du noyau, entre des électrons chargés négativement et des protons chargés positivement, fait tourner les électrons en orbite autour du noyau, exactement comme l'attraction gravitationnelle fait tourner la Terre autour du Soleil. L'attraction électromagnétique serait due à l'échange d'un grand nombre de particules virtuelles appelées photons. Là aussi, ces photons échangés sont des particules virtuelles. Néanmoins, lorsqu'un électron passe d'une orbite à une autre, plus proche du noyau, il produit de l'énergie en émettant un photon réel — ce photon peut être visible à l'œil nu si la longueur d'onde est adéquate, ou bien détecté par un détecteur de photons, comme une pellicule photographique. De même, si un photon réel entre en collision avec un atome, il peut faire passer un électron d'une orbite proche du noyau à une orbite plus éloignée. Toute l'énergie du photon est alors consommée et il est absorbé.

Troisième catégorie : la force nucléaire faible. Nous n'entrons pas en contact direct avec elle dans notre vie de tous les jours. Elle est cependant responsable de certains processus radioactifs, notamment de la désintégration dite ß, par laquelle un neutron se transforme en proton dans un noyau atomique. Cette force nucléaire faible ne fut vraiment comprise qu'en 1967, lorsque Abdus Salam, de l'Imperial College de Londres, et Steven Weinberg, de l'université Harvard, proposèrent tous deux des théories qui unifiaient cette interaction avec la force électromagnétique, comme Maxwell l'avait fait pour l'électricité et le magnétisme une centaine d'années plus tôt. La confirmation expérimentale de leurs prédictions théoriques leur valut le prix Nobel de physique en 1979 ; ils le partagèrent avec Sheldon Glashow, également de Harvard, qui avait élaboré des théories similaires unifiant la force électromagnétique et la force nucléaire faible.

Quatrième catégorie : la force nucléaire forte, la plus forte des quatre. Nous n'avons pas non plus de contact direct avec cette force, et pourtant c'est elle qui maintient ensemble la plupart des éléments de notre monde : elle lie les quarks à l'intérieur du proton et du neutron, et maintient protons et neutrons à l'intérieur du noyau de l'atome. Sans elle, la répulsion électrique entre les protons (chargés positivement) ferait exploser tous les noyaux atomiques de l'Univers — à l'exception de l'hydrogène, dont le noyau est constitué d'un proton unique. Cette force est transportée par une particule appelée gluon, qui n'interagit qu'avec elle-même et les quarks.

L'unification des forces nucléaire faible et électromagnétique ayant réussi, on s'est attaché à unifier ces deux forces avec la force nucléaire forte, afin d'obtenir ce qu'on appellerait une théorie de grande unification (ou GUT[1]). L'appellation est quelque peu exagérée : ladite théorie n'est pas grande du tout, pas plus qu'elle n'est complètement unifiée puisqu'elle n'inclut pas la gravitation. Il ne s'agit pas davantage d'une théorie complète, car elle contient un certain nombre de paramètres dont les valeurs ne peuvent être prédites par la théorie mais doivent être choisies arbitrairement pour corroborer l'expérience. Il n'empêche qu'elle marque une étape en direction de l'élaboration d'une théorie complètement unifiée.

S'il est si difficile d'unifier la gravité avec les autres forces, c'est que la théorie de la gravitation (la relativité générale) est la seule à ne pas être une théorie quantique : elle ne tient pas compte du principe d'indétermination. Cependant, les théories (incomplètes) des autres forces sont, radicalement, des théories quantiques. Pour unifier la gravité avec ces autres théories, il faut donc trouver un moyen d'intégrer le principe d'indétermination à la relativité générale. Or jusqu'à présent personne n'a été capable de proposer une théorie quantique de la gravitation.

Toute la difficulté vient du fait que, selon le principe d'indétermination, même un espace « vide » est rempli de paires virtuelles particules-antiparticules. Si ce n'était pas le cas, c'est-à-dire si l'espace « vide » était vraiment vide, alors tous les champs, tels les champs magnétiques et gravitationnels, devraient y avoir une valeur nulle. Toutefois, la valeur d'un champ et sa variation dans le temps sont comparables à la position et à la vitesse (c'est-à-dire au changement de position) d'une particule. Suivant le principe d'indétermination, il est impossible de connaître ces deux quantités en même temps : plus la précision est grande sur une de ces quantités, plus l'autre est nécessairement mal connue. Si, dans un espace vide, on fixait un champ à une valeur nulle, il aurait à la fois une valeur précise (zéro) et une variation dans le temps précise (également zéro), en violation de ce principe. La valeur du champ doit impérativement contenir un minimum d'indétermination, ou de fluctuations quantiques.

1. En anglais : *grand unified theory* (*NdT*).

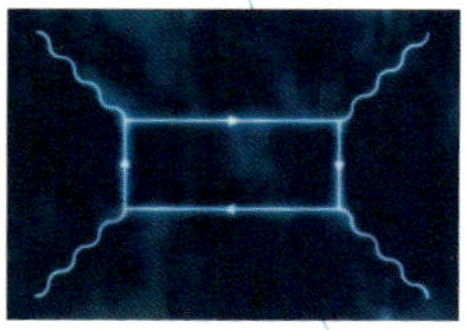

Diagramme de Feynman d'une paire virtuelle particule/antiparticule
Appliqué à l'électron, le principe d'indétermination implique que même au sein d'un espace vide des paires virtuelles particule/antiparticule peuvent se former, puis s'annihiler mutuellement.

Appliqué à l'électron, le principe d'indétermination implique que, même au sein d'un espace vide, des paires virtuelles particule/antiparticule se forment avant de s'annihiler mutuellement.

On peut se représenter ces fluctuations comme des paires de particules qui apparaissent ensemble à un moment donné, se séparent, puis se retrouvent avant de s'annihiler mutuellement. Il s'agit de particules virtuelles, à l'instar des particules vecteurs-de-force : contrairement aux particules réelles, elles ne sont pas directement observables avec un détecteur. Toutefois, leurs effets indirects, comme de légères modifications dans l'énergie des orbites de l'électron, peuvent être mesurés, et les résultats s'accordent remarquablement avec les prédictions. Pour des fluctuations du champ électromagnétique, on aura affaire à des photons virtuels ; pour des fluctuations du champ gravitationnel, ce seront des gravitons virtuels.

Cependant, lorsqu'il s'agira de fluctuations des champs de forces faible ou forte, les paires virtuelles seront des paires de particules de matière, comme des électrons ou des quarks, et leurs antiparticules.

Mais il y a un problème : ces particules virtuelles possèdent une énergie. En fait, vu leur nombre infini, elles mettent en jeu une quantité d'énergie infinie ; ainsi, en vertu de l'équation d'Einstein $E = mc^2$ (*cf.* chapitre 5), elles sont associées à une masse infinie. Or, d'après la relativité générale, leur gravité devrait courber l'Univers jusqu'à ce qu'il devienne infiniment petit. Nous voyons bien qu'il n'en est rien ! Des infinis similaires, et tout aussi absurdes, apparaissent dans les autres théories partielles (celles de l'interaction forte, de l'interaction faible et de la force électromagnétique), mais dans leur cas une astuce appelée renormalisation permet de supprimer ces infinis. Grâce à cela, on a pu élaborer des théories quantiques de ces forces.

La renormalisation consiste à introduire de nouveaux infinis qui ont pour effet de supprimer les infinis apparaissant dans la théorie. Nul besoin cependant de les supprimer complètement : nous pouvons choisir ces nouveaux infinis de manière que la différence se résume à de petits résidus, appelés quantités renormalisées. Même si cette technique se révèle assez contestable du point de vue mathématique, elle marche, semble-t-il, et c'est ainsi qu'elle fut utilisée pour renormaliser les théories de l'interaction faible, de l'interaction forte et de la force électromagnétique. Les prédictions obtenues concordent avec les observations avec une précision extraordinaire.

Néanmoins, la renormalisation a un sérieux inconvénient dès qu'il s'agit de trouver une théorie unifiée complète : les valeurs réelles des

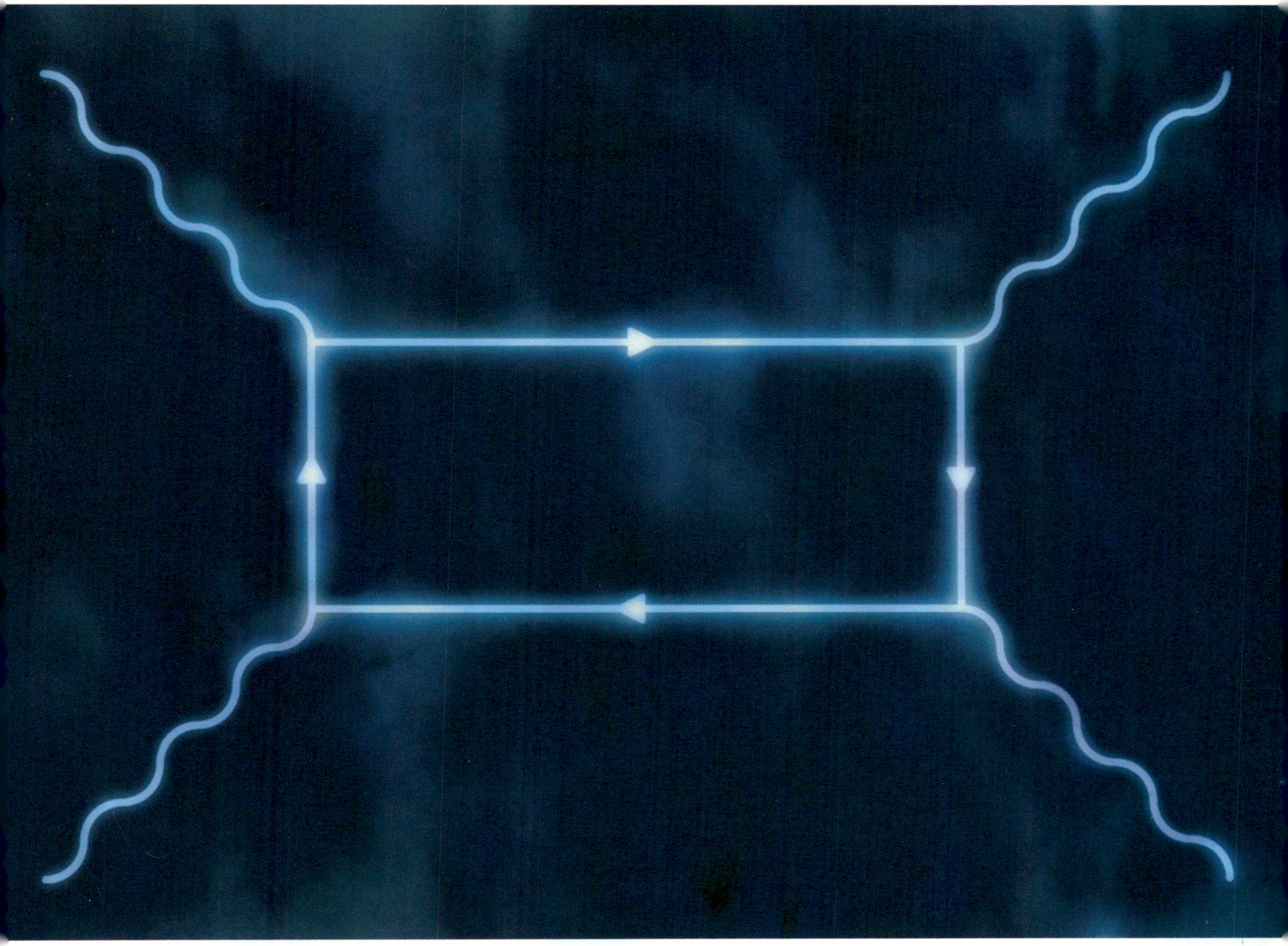

Dans la théorie des cordes, les objets de base ne sont pas

masses et des intensités des forces ne peuvent pas être prédites par la théorie, elles doivent être choisies arbitrairement afin de rendre compte au mieux des observations. Malheureusement, lorsqu'on essaie de se servir de la renormalisation pour supprimer les infinis quantiques de la relativité générale, seules deux quantités peuvent être ajustées : l'intensité de la force gravitationnelle et la valeur de la constante cosmologique, une quantité introduite par Einstein dans ses équations parce qu'il ne croyait pas à l'expansion de l'Univers (*cf.* chapitre 7). Mais rien à faire : cela ne suffit pas pour supprimer tous les infinis, et l'on se retrouve avec une théorie quantique de la gravitation qui semble prédire que certaines quantités, comme la courbure de l'espace-temps, sont infinies, alors qu'il est évident qu'elles sont finies !

On pressentait depuis longtemps que le mariage de la relativité générale avec le principe d'indétermination allait poser problème, et ces soupçons se trouvèrent confirmés par des calculs effectués en 1972. Quatre ans plus tard, on suggéra une nouvelle approche, appelée supergravité. Mais les calculs nécessaires pour éliminer, éventuellement, les infinis de la supergravité s'annonçaient si longs et si complexes que personne n'eut le courage de s'y atteler. On avait calculé que, même à l'aide d'un ordinateur, ce travail prendrait plusieurs années, sans compter le risque très probable de faire une, voire plusieurs erreurs. De surcroît, il eût fallu attendre que quelqu'un d'autre refît les calculs et parvînt au même résultat pour être certains d'avoir la bonne réponse (ce qui semblait bien peu probable !). Pourtant, en dépit de tous ces problèmes, et même si les particules décrites par la supergravité ne se comportaient pas comme les particules observées, la plupart des chercheurs étaient convaincus qu'on allait améliorer la théorie d'une façon ou d'une autre, et qu'elle finirait par donner la solution au problème de l'unification de la gravitation avec les autres forces. Puis, en 1984, on assista à un changement d'opinion radical en faveur de ce qu'on a appelé la théorie des cordes.

Avant la théorie des cordes, on pensait que chaque particule élémentaire occupait un point unique de l'espace. Dans la théorie des cordes, les objets de base ne sont pas des particules ponctuelles, mais des choses ayant une dimension, analogue à une longueur, comme un morceau de corde infiniment mince. Ces cordes peuvent avoir deux extrémités (cordes dites ouvertes) ou se lier entre elles pour former des boucles fermées (cordes fermées). Une particule occupe un point dans l'espace à chaque instant. Une corde, en revanche, occupe à chaque instant une ligne dans l'espace. Deux morceaux de cordes peuvent s'unir pour former une corde unique ; les cordes ouvertes s'unissent tout simplement aux deux extrémités, tandis que les cordes fermées s'unissent comme les deux jambes d'un pantalon. De la même façon, un morceau de corde isolé peut se diviser en deux cordes.

Si les principaux objets de l'Univers sont des cordes, que sont alors ces particules ponctuelles que nous croyons observer dans nos expériences ? Dans la théorie des cordes, elles apparaissent comme différentes ondes vibrant sur une corde, à l'instar d'ondes sur une ficelle de cerf-volant. Ces cordes, et leurs vibrations, sont si minuscules qu'aucun de nos instruments physiques n'est capable d'en appréhender la forme, si bien qu'elles se comportent au cours de nos expériences comme de minuscules points sans étendue ni forme.

Observez un grain de poussière : de très près, ou à travers une loupe, vous pouvez lui trouver une forme irrégulière, voire la forme d'une corde, mais de loin il n'est plus qu'un simple point.

Dans la théorie des cordes, l'émission ou l'absorption d'une particule par une autre correspond à la division ou à la réunion de deux cordes. Par exemple, dans la théorie des particules, la force gravitationnelle exercée par le Soleil sur la Terre est censée être produite par l'émission de particules vecteurs-de-force par les particules de matière du Soleil (les gravitons) et leur absorption par les particules de matière de la Terre. Dans la théorie des cordes, ce processus correspond à un tube ou à un tuyau en forme de H (la théorie des cordes s'apparente un peu à de la plomberie !). Les deux jambes du H correspondent aux particules du Soleil et de la Terre et la barre horizontale au graviton qui voyage entre elles.

La théorie des cordes a une histoire curieuse. Elle fut inventée à la fin des années 1960, alors qu'on cherchait une théorie capable de décrire l'interaction forte. Le proton et le neutron y étaient représentés par des ondes sur une corde. Les interactions fortes entre ces particules correspondaient à des morceaux de corde s'unissant à d'autres morceaux de corde, comme dans une toile d'araignée. Pour que la théorie fournisse des valeurs comparables à l'interaction forte observée entre particules, les cordes devaient être comme des élastiques soumis à une traction d'environ dix tonnes.

En 1974, Joel Scherk, de l'École normale supérieure de Paris, et John Schwarz, du California Institute of Technology, publièrent un article dans lequel ils montraient que la théorie des cordes pouvait décrire la force gravitationnelle à condition que la tension de la corde soit d'environ mille millions de millions de millions de millions de millions de millions

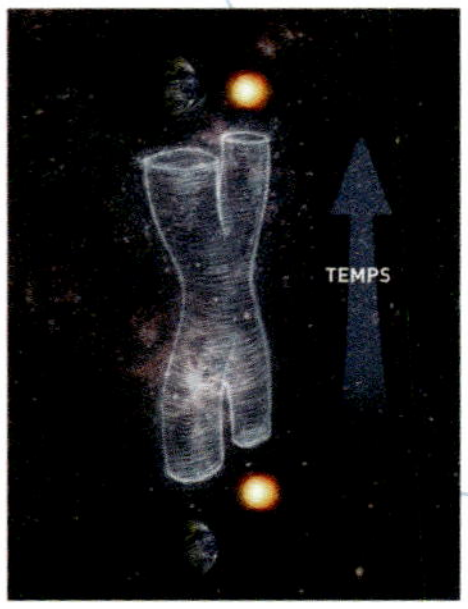

Les diagrammes de Feynman dans la théorie des cordes
Dans cette théorie, on considère que les forces à longue portée sont causées par la jonction de cylindres plutôt que par l'échange de particules vecteurs-de-force.

de tonnes (10^{39}). Les prédictions de la théorie des cordes correspondaient exactement à celles de la relativité générale, aux échelles de taille ordinaires. Cependant, le comportement de ces deux théories devait être différent à des distances infiniment petites, de l'ordre du millième de millionième de millionième de millionième de millionième de millionième de centimètre (un centimètre divisé par 10^{33}). Toutefois, on ne prêta guère attention à leurs travaux, car au même moment la plupart des chercheurs abandonnaient la théorie des cordes. Cette théorie avait été élaborée, à l'origine, pour l'interaction forte, or, dans ce cas, la théorie des quarks et des gluons semblait beaucoup mieux correspondre aux observations. Scherk mourut dans des circonstances tragiques (victime d'un coma diabétique), si bien que Schwarz se retrouva presque seul à soutenir la théorie des cordes, mais désormais avec une valeur nettement plus élevée de tension des cordes.

En 1984, les cordes connurent soudain un regain d'intérêt, pour deux raisons. Tout d'abord, on n'arrivait pas à éliminer les infinis de la supergravité, ni à expliquer, dans cette théorie, l'origine des particules observées. Ensuite, John Schwarz publia un nouvel article, cette fois en collaboration avec Mike Green, du Queen Mary College de Londres. Les auteurs y montraient que la théorie des cordes pouvait expliquer l'existence de certaines particules observées qui ont la particularité de posséder une chiralité intrinsèque gauche (la plupart des particules se comportent exactement de la même manière si on modifie tout le dispositif expérimental avec lequel on les observe, en le réfléchissant dans un miroir, mais ces particules-là auraient un comportement différent, comme si elles étaient gauchères — ou droitières — au lieu d'être ambidextres). Quoi qu'il en soit, un grand nombre de chercheurs se remit à travailler sur la théorie des cordes, et une nouvelle version fut mise au point, capable, semblait-il, d'expliquer les types de particules observées.

Des quantités infinies apparaissent également dans les théories des cordes, mais on pense qu'elles disparaîtront dès lors qu'on aura la bonne version de la théorie (bien que ce ne soit pas tout à fait certain). En vérité, ces théories se heurtent à un problème plus grave : elles semblent n'être valables que dans un espace-temps à dix ou à vingt-six dimensions, au lieu de nos quatre dimensions habituelles ! Naturellement, des dimensions supplémentaires de l'espace-temps sont monnaie courante en science-fiction. Elles permettent en effet de passer outre les restrictions imposées par la relativité générale, qui interdit de voyager plus vite que la lumière ou de voyager dans le temps (*cf.* chapitre 10). L'idée consiste à prendre un raccourci à travers ces dimensions supplémentaires. Voici

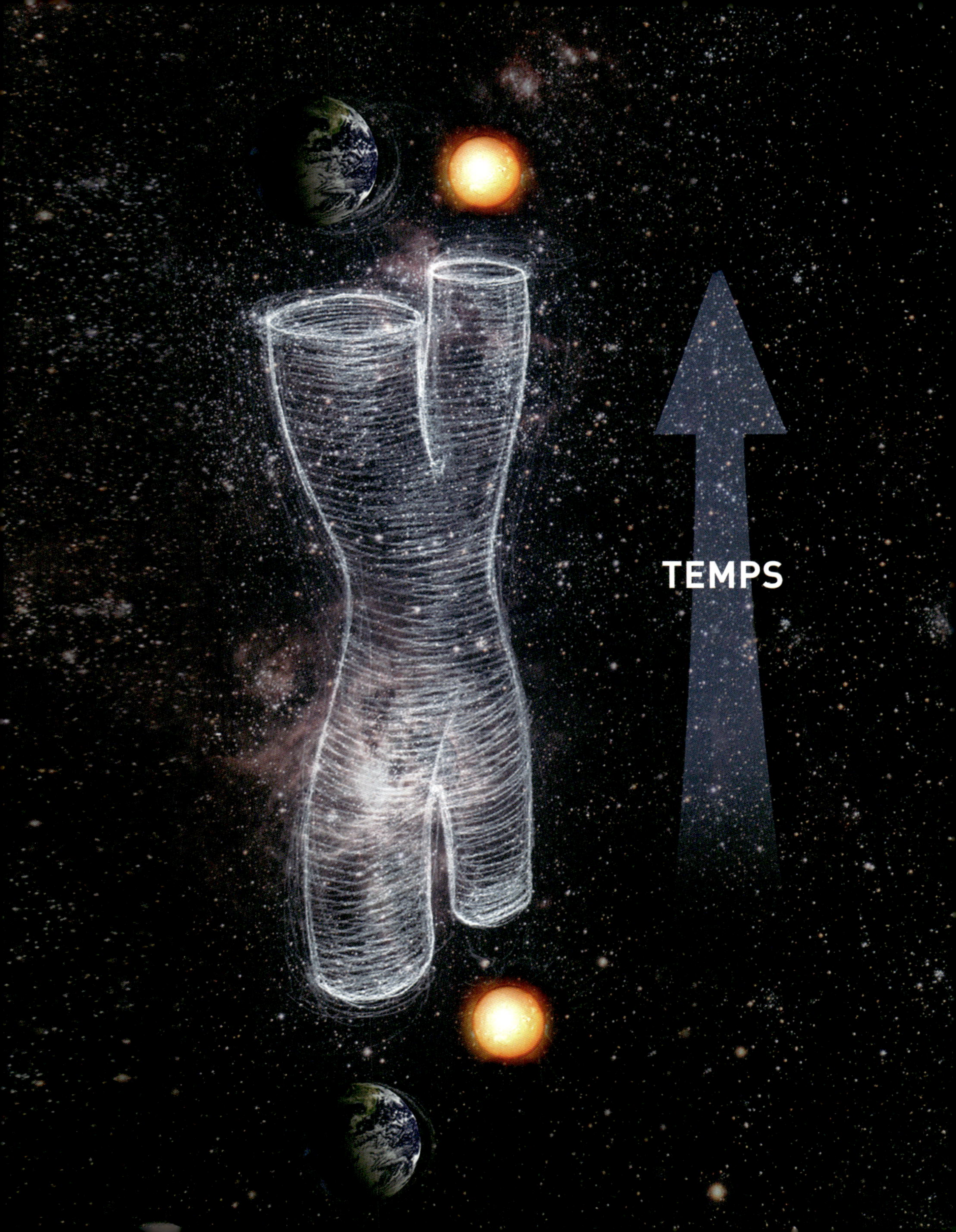
TEMPS

comment : imaginons que l'espace dans lequel nous vivons n'ait que deux dimensions et qu'il soit courbé comme la surface d'un anneau. Si vous vous trouvez à l'intérieur de l'anneau, en un certain point, et désirez vous rendre en un point situé de l'autre côté de l'anneau, vous êtes obligé de faire le tour du trou situé au centre de l'anneau jusqu'à ce que vous ayez atteint votre but. Cependant, s'il vous était possible de voyager dans une troisième dimension, rien ne vous empêcherait de quitter l'anneau et de couper tout droit à travers le trou.

Mais pourquoi ne remarquons-nous pas toutes ces dimensions supplémentaires, si elles existent vraiment ? Pourquoi percevons-nous seulement trois dimensions d'espace et une de temps ? Pour la bonne raison, dit-on, que ces autres dimensions ne ressemblent pas à celles que nous connaissons. Elles sont resserrées en boucles minuscules, de l'ordre d'un millionième de millionième de millionième de millionième de centimètres. Ces boucles unidimensionnelles sont si minuscules que nous ne les remarquons pas : nous voyons simplement une dimension temporelle et trois dimensions spatiales, dans lesquelles l'espace-temps est plutôt plat. Pour en comprendre le fonctionnement, imaginez une paille : vue de loin, c'est une tige, mais si vous la regardez de très près, vous verrez qu'elle est bidimensionnelle, c'est un tube, dont une dimension est un cercle très serré. Un point à la surface de la paille est bien repéré par deux nombres : sa position le long de la tige et sa position sur le cercle formant le tour de la tige. Mais le périmètre du cercle est beaucoup plus petit que la longueur de la paille. C'est pourquoi, lorsque vous la regardez de loin, vous ne remarquez pas son épaisseur et elle vous paraît unidimensionnelle. Le périmètre étant ainsi réduit à un point, il suffit, pour se repérer le long de la tige d'un seul nombre : la position le long de la paille.

Selon les théoriciens des cordes, le même genre de choses se produit dans l'espace-temps : à très petite échelle, il existerait dix dimensions, très courbées, mais à plus grande échelle nous ne percevons plus ni les dimensions supplémentaires ni leur courbure.

Si cette description est exacte, elle ne présage rien de bon pour les spationautes de roman : les dimensions supplémentaires seraient beaucoup trop petites pour permettre le passage d'un vaisseau spatial. Mais, plus sérieusement, elle soulève un nouveau problème pour les chercheurs : pourquoi seules quelques dimensions devraient-elles

Imaginez par exemple deux animaux bidimensionnels vivant sur un disque

s'enrouler sur elles-mêmes pour former des petites boucles, et non pas toutes ? On peut supposer qu'au tout début de l'Univers, toutes les dimensions étaient aussi courbées. Alors pourquoi seulement une dimension de temps et trois dimensions d'espace se sont-elles aplaties, tandis que les autres sont restées étroitement enroulées ?

Le principe anthropique prétend fournir une réponse. Ce principe peut s'énoncer ainsi : « Nous voyons l'Univers tel qu'il est parce que nous existons. » Il y a deux énoncés du principe anthropique, le faible et le fort. Selon le principe anthropique faible, si l'Univers est très grand, voire infini, spatialement et/ou temporellement, les conditions nécessaires au développement d'une vie intelligente ne seront réunies que dans des régions limitées de l'espace-temps. Si des êtres intelligents existent quelque part, ils ne doivent pas s'étonner de ce que le coin d'Univers qu'ils habitent réunisse les conditions indispensables à leur existence. Un peu comme un nanti habitant un quartier riche, qui ne saurait pas à quoi ressemble la pauvreté.

Par contre, selon le principe anthropique fort, soit plusieurs univers différents existent, soit plusieurs régions différentes coexistent au sein d'un même univers : chacun d'eux ou chacune d'elles aurait sa propre configuration initiale et peut-être même ses propres lois. Dans la plupart de ces univers, les conditions nécessaires au développement d'organismes complexes ne seraient pas remplies et seul un petit nombre d'univers semblables au nôtre permettrait le développement d'êtres intelligents capables de se poser la question : « Pourquoi l'Univers est-il tel que nous le voyons ? » La réponse devient simple : s'il avait été différent, nous ne serions pas là !

Vu son intérêt, on ne va pas se battre pour le principe anthropique faible. Cependant le principe anthropique fort soulève quelques objections sérieuses. Par exemple : en quel sens peut-on dire que ces différents univers existent ? S'ils sont vraiment séparés, ce qui se produit dans un autre univers ne peut pas avoir de conséquences observables dans le nôtre. Cela devrait suffire pour que, en raison du principe d'économie, nous les supprimions de la théorie. Si, en revanche, il s'agit seulement de régions isolées au sein d'un même univers, les lois de la science devraient être les mêmes dans chaque région, sinon nous ne pourrions pas nous déplacer continûment de l'une à l'autre. Dans ce cas, la seule différence entre les régions résiderait dans leur état initial — et alors le principe anthropique fort se réduirait au principe faible.

Le principe anthropique répond peut-être à une question qui se pose dans la théorie des cordes : pourquoi les dimensions s'enroulent-elles sur elles-mêmes ? Un espace bidimensionnel ne semble pas permettre le développement d'êtres complexes tels que nous. Imaginez par exemple deux animaux bidimensionnels vivant sur un disque (la surface d'une Terre bidimensionnelle) : ils devraient grimper l'un sur l'autre pour se croiser. De même, si une créature bidimensionnelle avalait quelque chose d'indigeste, elle serait forcée de le rendre par le même chemin, car s'il existait un passage à travers son corps, il la couperait en deux parties indépendantes et notre créature bidimensionnelle se disloquerait d'elle-même. Il est également difficile d'imaginer une quelconque circulation sanguine dans un corps à deux dimensions.

Des espaces à plus de trois dimensions soulèveraient bien d'autres problèmes. La force gravitationnelle entre deux corps y diminuerait avec la distance beaucoup plus rapidement qu'en trois dimensions. (Dans un monde à trois dimensions, chaque fois qu'on double la distance, la force est divisée par quatre. Avec quatre dimensions, la force est divisée par huit, avec cinq par seize, et ainsi de suite.) Une conséquence, dans cette hypothèse, est que les orbites des planètes, comme celle de la Terre autour du Soleil, ne seraient pas stables : partant d'une orbite circulaire, la Terre se mettrait à spiraler vers le Soleil ou à s'en éloigner éternellement à la moindre perturbation — et nous serions soit gelés, soit brûlés vifs. En fait, si dans un monde à plus de trois dimensions la gravité se comportait de la même manière avec la distance, le Soleil ne serait plus dans un état stable. Dans notre monde, la gravité est contrebalancée par la pression, au sein des étoiles. Dans le cas contraire, le Soleil se disperserait dans le cosmos, ou bien s'effondrerait pour former un trou noir. Ce n'est pas avec ça que la vie, sur Terre ou ailleurs, pourrait se développer. À plus petite échelle, la force électrique qui fait tourner les électrons autour du noyau d'un atome se comporterait exactement comme la force gravitationnelle. Les électrons s'effondreraient sur le noyau en spiralant ou s'envoleraient pour ne plus jamais revenir sur leur atome. Dans un cas comme dans l'autre, les atomes, tels que nous les connaissons, n'existeraient pas.

Il apparaît clairement que la vie, du moins celle que nous connaissons, ne peut exister que dans des régions de l'espace-temps où la dimension de temps et les trois dimensions d'espace ne sont pas enroulées sur elles-mêmes. On pourrait alors en appeler au principe anthropique faible, à condition de démontrer que la théorie des cordes permet au moins l'existence de telles régions dans l'Univers (ce qui semble être le cas). Dans d'autres régions de l'Univers, ou même dans d'autres univers (quelle que soit la définition qu'on leur donne), certaines dimensions de l'espace peuvent bien être enroulées sur elles-mêmes et d'autres être étendues et plates, aucun être intelligent ne sera là pour raisonner sur le nombre de dimensions utiles.

Autre problème : on recense au moins cinq théories des cordes différentes (deux théories des cordes ouvertes et trois des cordes fermées) et des millions de façons d'expliquer comment les dimensions supplémentaires se seraient enroulées sur elles-mêmes. Pourquoi, dès lors, choisir une théorie des cordes plutôt qu'une autre et privilégier un mode particulier d'enroulement ? Pendant longtemps, la question a semblé sans réponse et les recherches piétinaient. Puis, à partir de 1994, les physiciens commencèrent à découvrir ce qu'on appelle des dualités : différentes théories des cordes et différentes manières d'enrouler les dimensions supplémentaires pouvaient mener, dans un Univers à quatre dimensions, aux mêmes résultats. Mieux encore, en plus des particules, qui occupent un point dans l'espace, et des cordes, qui sont des lignes, on « découvrit » d'autres objets, appelés p-branes, qui occupent dans l'espace des volumes à deux dimensions ou plus. (Une particule peut être considérée comme une zéro-brane et une corde comme une une-brane, mais il existe aussi des p-branes avec p variant de 2 à 9. Une deux-brane n'est rien d'autre qu'une membrane à deux dimensions, mais il est plus difficile de se représenter les branes à un plus grand nombre de dimensions !) Tout cela semble indiquer qu'il existe une sorte de démocratie, au sens de l'égalité des voix, entre la supergravité, la théorie des cordes et la théorie des branes : elles ont l'air de cohabiter harmonieusement, et nulle n'est plus fondamentale que les autres. Elles apparaissent au contraire comme les divers avatars d'une théorie plus fondamentale, chacune étant valable dans des situations différentes.

De nombreux chercheurs sont partis à la recherche de cette théorie sous-jacente, mais personne n'en est encore revenu... De même qu'on ne peut réduire l'arithmétique à une seule série d'axiomes, comme l'a montré Gödel, de même, il se pourrait que cette théorie fondamentale n'ait pas de formulation unique. On pourrait comparer cette situation au problème de la cartographie : nous ne pouvons pas décrire la surface arrondie de la Terre, ou celle d'un anneau, avec une seule carte (plane), il faut au moins deux cartes pour la Terre et quatre pour l'anneau. Une carte donnée ne peut décrire qu'une région restreinte, seul un jeu de cartes différentes permet de couvrir l'ensemble. De même, en physique, il peut s'avérer nécessaire d'utiliser diverses formulations, dans diverses situations, mais deux formulations différentes peuvent convenir dans des situations où elles sont toutes deux applicables.

De l'importance d'être tridimensionnel
Dans un espace à plus de trois dimensions, les orbites seraient instables : les planètes tomberaient dans le Soleil, ou échapperaient à son attraction.

Dans cette hypothèse, le jeu complet des différentes formulations pourrait tenir lieu de théorie complètement unifiée, malgré l'impossibilité où nous nous trouverions d'exprimer cette théorie avec un seul ensemble de postulats. Et c'est peut-être encore trop demander ! Se pourrait-il qu'il n'existe pas de théorie unifiée ? que nous courions après un mirage ? Trois possibilités semblent s'offrir à nous :

1. une théorie complètement unifiée existe effectivement (ou bien une série de formulations se recoupant partiellement), que nous découvrirons sans doute un jour si nous sommes assez intelligents ;
2. il n'y a pas de théorie ultime de l'Univers, mais seulement une suite infinie de théories, dont aucune ne sera jamais totalement exacte, mais qui décrivent l'Univers avec de plus en plus de précision ;
3. il n'y a pas de théorie de l'Univers : au-delà d'un certain point, les événements sont imprévisibles, ils se produisent par hasard et de façon arbitraire.

Certains choisiraient la troisième possibilité pour la bonne raison que s'il existait une série complète de lois, celle-ci ôterait à Dieu toute liberté de changer d'avis et d'intervenir dans les affaires du monde. Pourtant, puisque Dieu est vraiment tout-puissant, ne pourrait-Il pas empiéter sur Sa liberté s'Il le souhaitait ? Cela fait penser au vieux paradoxe : Dieu peut-il créer une pierre si lourde qu'Il ne puisse la soulever ? En fait, cette idée d'un Dieu qui pourrait avoir envie de changer d'avis est un exemple de l'erreur, souligné par saint Augustin, qui consiste à voir Dieu comme un être existant dans le temps : le temps n'est qu'une propriété de l'Univers créé par Dieu. Et si nous supposons l'existence de Dieu, nous pouvons alors supposer qu'Il savait ce qu'Il faisait en le créant !

Avec la physique quantique, nous avons fini par admettre que les événements ne peuvent être prédits avec précision : il demeure toujours un certain degré d'incertitude. Si cela vous chante, vous pouvez attribuer cette composante aléatoire à l'intervention de Dieu. Mais ce serait là une bien curieuse façon d'intervenir, dont on ne distingue aucunement le dessein. S'il y en avait un, d'ailleurs, les événements ne seraient pas aléatoires, par définition. De nos jours, nous avons effectivement éliminé la troisième possibilité en redéfinissant la science : son but est de formuler un ensemble de lois permettant de prédire les événements, mais dans les limites du principe d'indétermination.

La deuxième possibilité (selon laquelle il y aurait une série infinie de théories de plus en plus raffinées) s'accorde jusqu'ici avec notre expérience. Combien de fois avons-nous affiné nos mesures ou fait des observations nouvelles qui nous ont permis de découvrir de nouveaux

phénomènes ? En n'étant pas prévus par les théories existantes, ils nous ont obligés à élaborer une théorie meilleure. En étudiant des interactions entre particules d'énergie de plus en plus élevée, nous pensons trouver de nouvelles structures encore plus fondamentales que les quarks et les électrons, considérés aujourd'hui comme des particules élémentaires.

Il se pourrait que la gravitation mette un terme à cette série de poupées russes. En effet, s'il existait une particule d'énergie supérieure à ce qu'on appelle l'énergie de Planck, sa masse serait tellement concentrée qu'elle se séparerait du reste de l'Univers pour former un petit trou noir.

Cette série de théories toujours plus raffinées ne peut donc pas se poursuivre indéfiniment vers les hautes énergies, elle doit bien atteindre une limite, correspondant à une théorie ultime de l'Univers. Mais l'énergie de Planck est très supérieure aux énergies que nous sommes en mesure de produire aujourd'hui en laboratoire, il reste donc une marge énorme de théories possibles. Et dans un futur proche, nous n'avons aucune chance de combler ce fossé avec des accélérateurs de particules. Seuls les tout premiers stades de l'Univers constituent un « laboratoire » où de telles énergies ont dû exister. Il n'est pas invraisemblable que certains d'entre nous vivent assez vieux pour connaître une théorie complètement unifiée, élaborée à partir de l'étude de l'Univers primordial et qui tienne compte des contraintes imposées par la cohérence mathématique... en supposant, naturellement, que nous ne fassions pas tout exploser avant !

Quel serait l'impact, aujourd'hui, de la découverte de la théorie ultime de l'Univers ?

Au risque de nous répéter, nous ne serons jamais sûrs d'avoir trouvé la bonne théorie puisqu'une théorie ne peut être prouvée (*cf.* chapitre 3). Mais, si nous parvenions à une théorie cohérente et dont les prédictions seraient confirmées par les observations, nous pourrions raisonnablement penser que c'est la bonne. Et cela mettrait fin à un long et glorieux chapitre de l'histoire de nos tentatives pour comprendre l'Univers. Mais la perception que le commun des mortels peut avoir des lois qui le gouvernent en serait également boulversée. À l'époque de Newton, une personne cultivée pouvait encore maîtriser tout le savoir de l'humanité, du moins dans ses grandes lignes. Mais depuis, le développement de la science a rendu la chose impossible. Comme les théories, qui doivent rendre compte constamment des nouvelles observations, sont perpétuellement changeantes, on n'a pas vraiment le temps de les digérer ou de les vulgariser, en vue d'en diffuser la connaissance à tout un chacun. Il n'y a que les spécialistes qui suivent, et les spécialistes eux-mêmes ne saisissent qu'une petite partie des théories scientifiques. En outre, les progrès sont si rapides que ce qu'on apprend à l'école ou à l'université est toujours plus ou moins dépassé. Seules quelques personnes peuvent se tenir à la pointe d'un savoir en progrès constant ; elles doivent y consacrer tout leur temps et se spécialiser dans un champ très limité. Le commun des mortels n'imagine guère les avancées qui sont faites et l'excitation qu'elles engendrent. Cependant, si l'on en croit Arthur Eddington, il y a soixante-dix ans deux personnes seulement comprenaient la théorie de la relativité générale. Aujourd'hui, des dizaines de milliers d'étudiants la comprennent et plusieurs millions de personnes en ont au moins une vague idée. Si l'on trouvait une théorie complètement unifiée, elle serait tôt ou tard assimilée, simplifiée et enseignée dans les écoles, du moins dans ses grandes lignes. Et nous serions alors tous capables de comprendre plus ou moins les lois qui gouvernent l'Univers et sont responsables de notre existence.

Pourtant, la découverte d'une telle théorie ne nous rendrait pas pour autant capable de prédire tous les événements, et cela pour deux raisons. La première tient au principe d'indétermination de la physique quantique, qui impose des limites à notre pouvoir de prédiction. Impossible de passer outre. En second lieu, il est fort probable que nous serons incapables de résoudre toutes les équations d'une théorie complètement unifiée, excepté dans des cas très simples.

En pratique, la première limite est moins contraignante que la seconde, car, nous l'avons vu, personne n'est en mesure de résoudre avec exactitude les équations de la physique quantique pour un atome constitué d'un noyau autour duquel gravite plus d'un électron. Nous ne sommes même pas capables de calculer exactement le mouvement de trois corps dans une théorie aussi simple que la théorie de la gravitation de Newton, et la difficulté s'accroît avec le nombre de corps et la complexité de la théorie. Des solutions approchées suffisent en général pour les applications, mais elles sont fort éloignées des grands espoirs soulevés par le terme de « théorie unifiée du tout ».

Aujourd'hui, nous connaissons déjà les lois qui régissent le comportement de la matière dans toutes les conditions, à l'exception des plus extrêmes. Plus précisément, nous connaissons fort bien les lois qui régissent l'essentiel de la chimie et de la biologie. Pour autant, tous les problèmes que ces disciplines posent ne sont pas près d'être résolus. Et nous n'avons, jusqu'à présent, guère réussi à mettre le comportement humain en équations ! Donc, en admettant même que nous découvrions un ensemble complet de lois fondamentales, il restera du pain sur la planche pour développer de meilleures méthodes d'approximation, permettant de faire des prédictions utiles dans des situations complexes et réalistes. Une théorie complète, cohérente, unifiée n'est jamais qu'un premier pas : notre but est de comprendre la totalité des événements qui nous entourent et notre propre existence.

Conclusion

Nous vivons dans un monde fascinant auquel nous désirons trouver un sens. Et nous ne cessons de nous interroger : quelle est la nature de l'Univers ? Quelle y est notre place et d'où venons-nous ? Pourquoi est-il ce qu'il est ?

Pour répondre à ces questions, nous choisissons une certaine représentation du monde : la tour infinie de tortues soutenant le disque plat de la Terre en est une, la théorie des cordes en est une autre. Toutes deux sont des théories de l'Univers, même si la seconde est autrement plus précise et mathématique que la première. Et toutes deux manquent de preuves manifestes : personne n'a jamais vu de tortue géante portant la Terre sur son dos, pas plus que de supercorde. Toutefois, l'hypothèse de la tortue ne peut tenir lieu de théorie scientifique, puisqu'elle prédit qu'arrivés aux limites du monde les hommes devraient tomber par-dessus bord... ce qui ne concorde pas avec l'expérience, à moins qu'on ne tienne enfin là l'explication des légendaires disparitions du triangle des Bermudes !

Les premières tentatives de description et d'explication de l'Univers supposaient qu'événements et phénomènes naturels étaient régis par des esprits dotés de sentiments humains, agissant comme tels et de façon

De la tour de tortues à l'espace courbe
Visions ancienne et moderne de l'Univers.

imprévisible. Ces esprits habitaient les corps terrestres, telles les rivières et les montagnes, mais aussi les corps célestes, tels le Soleil et la Lune. Il fallait leur plaire et on recherchait leurs faveurs afin d'assurer la fertilité du sol et la succession des saisons. Cependant, au fil du temps, on commença à remarquer certaines régularités : le Soleil se levait toujours à l'est et se couchait à l'ouest, qu'on ait offert ou non quelque sacrifice au dieu Soleil. On constata aussi que le Soleil, la Lune et les planètes suivaient certaines trajectoires dans le ciel, trajectoires qu'on pouvait prédire avec une très grande précision. Le Soleil et la Lune avaient beau être des dieux, ils n'en obéissaient pas moins à des lois strictes, ne souffrant aucune exception, si l'on oublie celle où le Soleil arrêta sa course à la demande de Josué.

Au début, lois et régularités étaient cantonnées au domaine de l'astronomie et à quelques autres situations. Mais, à mesure que se développait la civilisation, et plus particulièrement au cours des trois cents dernières années, de plus en plus de lois, de plus en plus de régularités furent découvertes. Au début du XIXe siècle, l'efficacité de ces lois conduisit Laplace à postuler que l'évolution de l'Univers était intégralement déterminée par elles : on pourrait prédire cette évolution une fois connue la configuration de l'Univers à un instant donné.

Le déterminisme présentait pourtant deux défauts : il n'indiquait pas comment choisir ces lois et ne spécifiait pas la configuration initiale de l'Univers. Ce soin était laissé à Dieu. Dieu aurait ainsi choisi la façon dont naîtraient l'Univers et les lois auxquelles il obéirait, mais il aurait aussi cessé toute intervention une fois l'Univers créé. En fait, Dieu était confiné aux domaines que la science du XIXe siècle ne comprenait pas.

Nous savons aujourd'hui que le déterminisme tel que le marquis de Laplace l'avait conçu et espéré est impossible. La physique quantique interdit qu'on puisse représenter les particules comme des objets dotés des propriétés qu'il avait imaginées. Le principe d'indétermination d'Heisenberg consiste en effet à affirmer que les particules ne possèdent jamais simultanément une vitesse et une position. La représentation formelle que la physique quantique s'en fait ne leur attribue jamais ces deux caractéristiques à la fois, mais elle correspond à une fonction d'onde. Ces théories sont déterministes dans la mesure où elles proposent des lois déterministes pour l'évolution de cette fonction d'onde dans le temps : si on connaît les caractéristiques de la fonction d'onde à un instant donné, on peut calculer ce qu'elle sera à n'importe quel autre instant. Les facteurs de hasard et d'imprévisibilité n'entrent en jeu que si des opérations de mesure sont effectuées sur les particules. Et si c'était là

que réside notre erreur ? Peut-être les particules n'ont-elles ni vitesse ni position, peut-être existent-elles seulement sous forme de fonction d'onde ? Il est pourtant logique que nous tentions de conformer les ondes à nos idées préconçues de position et de vitesse. Cette apparente imprévisibilité résulte de l'échec de cette tentative.

En effet, si la tâche de la science consiste à découvrir des lois permettant de prédire les événements dans les limites posées par le principe d'indétermination, la question demeure : comment et pourquoi les lois et la configuration initiale de l'Univers ont-elles été choisies ?

Cet ouvrage a donné une importance toute particulière aux lois de la gravitation ; en effet, cette force a beau être la plus faible des quatre, elle n'en organise pas moins la structure à grande échelle de l'Univers. Ses lois sont incompatibles avec la représentation (qui prévalait encore récemment) d'un Univers stationnaire : le fait que la gravitation soit une force toujours attractive implique en effet que l'Univers s'expande ou se contracte. Selon la théorie de la relativité générale, il y aurait eu dans le passé un état d'une densité infinie, le big bang, qui aurait marqué le véritable commencement du temps. De même, si l'Univers entier s'effondrait, il connaîtrait dans le futur un état d'une infinie densité, le big crunch, qui marquerait la fin du temps. Et, même si l'Univers ne s'effondrait pas complètement, il apparaîtrait des singularités dans les zones s'effondrant en trous noirs. Ces singularités marqueraient la fin du temps pour celui qui tomberait dans le trou noir ! Lors du big bang et des autres singularités, les lois ayant été brisées, Dieu aurait eu encore toute liberté pour décider de ce qui s'était produit et comment l'Univers était né. Lorsque nous associons physique quantique et relativité générale, une nouvelle possibilité jusqu'ici inenvisagée semble s'offrir à nous : que l'espace et le temps puissent, ensemble, constituer un espace fini à quatre dimensions sans singularités ni bords (exactement comme la surface de la Terre, mais avec des dimensions nettement supérieures). Cette hypothèse, semble-t-il, pourrait expliquer bien des caractéristiques de l'Univers : son uniformité à grande échelle par exemple, ainsi que les écarts d'homogénéité à petite échelle tels que les galaxies, les étoiles et même les êtres humains. Mais si l'Univers est contenu en lui-même, sans bords ni singularités, et s'il peut être décrit par une théorie complètement unifiée, qu'en est-il du rôle du Créateur ?

On posa un jour la question à Einstein : « Quelle marge de choix avait Dieu pour construire l'Univers ? » Si la proposition d'un Univers sans limites se révèle exacte, Dieu n'était aucunement libre de choisir ses conditions initiales. Il aurait pu lui rester, évidemment, le choix des lois auxquelles obéit l'Univers. Mais peut-on vraiment considérer cela comme un choix ? Peut-être n'existe-t-il qu'un tout petit nombre de théories totalement unifiées, voire une seule, la théorie des cordes par exemple, qui soient à la fois cohérentes et permettent l'existence de structures aussi complexes que les êtres humains, capables d'enquêter sur les lois de l'Univers et de s'interroger sur la nature de Dieu.

Une théorie unifiée, si elle est possible, se borne de toute façon à un ensemble de règles et d'équations. Qu'est-ce qui donne vie à ces équations et crée l'Univers qu'elles doivent décrire ? En suivant la règle qu'elle s'est fixée de construire un modèle mathématique, la science s'avère incapable d'expliquer pourquoi il devrait exister un Univers conforme à ce modèle. Pourquoi l'Univers se donne-t-il tant de mal pour exister ? La théorie unifiée serait-elle dotée d'une telle force qu'elle se mettrait au monde elle-même ? Ou bien a-t-elle besoin d'un Créateur et, dans ce cas, joue-t-Il un rôle dans l'Univers ? Et qui l'a créé, Lui ?

Jusqu'à présent, la plupart des scientifiques se sont trop attachés à décrire le comment de l'Univers pour se préoccuper du pourquoi. Par ailleurs, ceux dont le métier est de s'interroger sur le pourquoi, les philosophes, n'ont pas été capables de suivre toutes les avancées théoriques de la science. Au XVIIIe siècle, les philosophes considéraient que l'intégralité du savoir humain, y compris la science, relevait de leur domaine et ils discutaient de questions telles que l'origine de l'Univers. Cependant qu'aux XIXe et XXe siècles la science est devenue trop technique et trop mathématique pour les philosophes et penseurs, à l'exception de quelques spécialistes. Les philosophes réduisirent tellement le champ de leurs réflexions que Wittgenstein, le philosophe le plus célèbre du XXe siècle, déclara : « La seule tâche qui demeure pour le philosophe est l'analyse du langage. » Voilà à quoi la grande tradition de la philosophie, d'Aristote à Kant, en est réduite !

Néanmoins, si nous parvenons vraiment à découvrir une théorie unificatrice, elle devrait avec le temps être compréhensible par tout le monde dans ses grands principes, pas seulement par une poignée de scientifiques. Philosophes, scientifiques et personnes ordinaires, tous seront capables de prendre part à la discussion sur le pourquoi de notre existence et de notre Univers. Et si nous trouvions un jour la réponse, ce serait le triomphe de la raison humaine — qui nous permettrait alors de connaître la pensée de Dieu.

AnnExes

EINSTEIN

On connaît l'implication d'Einstein dans la politique relative à l'arme nucléaire : il cosigna en 1939 une lettre au président Franklin Roosevelt, qui persuada les États-Unis de mettre au point la bombe atomique, puis s'engagea, après le conflit, dans la lutte pour prévenir toute guerre nucléaire. Mais il ne s'agissait pas d'actions isolées d'un savant égaré dans le monde de la politique. La vie d'Einstein fut, pour reprendre ses propres termes, «partagée entre la politique et les équations».

C'est pendant la Première Guerre mondiale, alors qu'il était professeur à Berlin, qu'Einstein commença à se mêler de politique. Écœuré par ce qu'il considérait comme un gaspillage de vies humaines, il prit part aux manifestations pacifistes. Son plaidoyer en faveur de la désobéissance civile et ses encouragements publics à refuser la conscription ne le rendirent guère populaire auprès de ses collègues. La guerre terminée, il concentra tous ses efforts pour aider à la réconciliation et améliorer les relations internationales — ce qui n'améliora pas sa popularité car il lui devint de plus en plus difficile d'aller aux États-Unis, même pour donner des conférences.

L'autre grande cause qu'il embrassa fut le sionisme. D'origine juive, Einstein rejetait cependant l'idée du Dieu biblique. C'est la prise de conscience d'une montée de l'antisémitisme, avant et pendant la Première Guerre mondiale, qui le conduisit progressivement à s'identifier à la communauté juive et à devenir un ardent défenseur du sionisme. Là encore, l'impopularité ne l'empêcha pas d'exprimer ouvertement ses convictions. On s'attaqua à ses théories : on créa même une organisation anti-Einstein. Un homme, accusé d'en inciter les membres à assassiner Einstein, fut condamné à une amende de six petits dollars ! Mais Einstein était un flegmatique. Lorsqu'on publia un livre intitulé *Cent Auteurs contre Einstein*, il se contenta de rétorquer : «Si j'avais tort, un seul aurait suffi !»

Quand Hitler arriva au pouvoir, en 1933, Einstein, qui se trouvait aux États-Unis, déclara qu'il ne retournerait pas en Allemagne. Et, tandis que la milice nazie perquisitionnait sa maison et confisquait son compte en banque, un journal berlinois titrait : «Bonnes nouvelles d'Einstein : il ne rentre pas.» La menace nazie le fit renoncer au pacifisme et, craignant que les scientifiques allemands ne mettent au point une bombe atomique, Einstein encouragea les États-Unis à fabriquer la leur. Mais, avant même que ne soit lancée la première bombe, il prévenait publiquement des dangers d'une guerre atomique et proposait un contrôle international de l'armement nucléaire.

Les efforts accomplis par Einstein tout au long de sa vie en faveur de la paix n'eurent sans doute guère de résultats durables mais lui valurent quelques vrais amis. Son soutien à la cause sioniste fut dûment reconnu, mais lorsqu'on lui proposa la présidence d'Israël en 1952, il déclina l'offre, arguant de sa naïveté en politique. La raison profonde était peut-être différente. Citons-le une dernière fois : «Les équations sont pour moi plus importantes que la politique, car la politique s'occupe du présent, et une équation, de l'éternité.»

GALILÉE

Sans doute plus que toute autre figure solitaire, celle de Galilée est associée à la naissance de la science moderne. Son célèbre conflit avec l'Église catholique fut au cœur de sa philosophie, car il fut l'un des premiers à soutenir que l'homme pouvait espérer comprendre un jour comment marche le monde.

Galilée avait cru dès le début à la théorie copernicienne (selon laquelle les planètes tournent autour du Soleil), mais il ne s'autorisa à la défendre publiquement qu'après avoir trouvé la preuve nécessaire à sa démonstration. C'est en italien (et non en latin académique, comme il était d'usage à l'époque) qu'il développa ses vues sur la théorie de Copernic, lesquelles furent largement adoptées en dehors des universités. Ce qui contraria beaucoup les professeurs aristotéliciens, qui s'unirent contre lui pour persuader l'Église catholique de bannir la théorie de Copernic.

Galilée, tracassé par cette éventualité, décida de se rendre à Rome pour parler aux autorités ecclésiastiques. La Bible, argua-t-il, n'avait jamais eu l'intention de se mêler de conceptions scientifiques et lorsqu'elle se trouvait en contradiction avec le bon sens, il était admis qu'elle usait d'allégories.

Mais, dans la crainte que ce scandale n'entame son combat contre le protestantisme, l'Église prit des mesures répressives. En 1616, elle déclara la doctrine de Copernic « fausse et erronée » et ordonna à Galilée de ne jamais plus « la soutenir ou la défendre ». Et Galilée céda.

En 1623, un vieil ami de Galilée fut élu pape sous le nom d'Urbain VIII, et Galilée tenta aussitôt de faire révoquer le décret de 1616. Sans succès. Il obtint néanmoins la permission d'écrire un livre traitant à la fois des théories d'Aristote et de Copernic, mais à deux conditions : de ne pas prendre parti et d'en arriver à la conclusion que l'homme ne pourrait jamais définir la marche du monde, car Dieu était capable de provoquer les mêmes effets avec des moyens jamais imaginés par l'homme, qui ne pouvait pas fixer de limite à Sa toute-puissance.

Ce livre, *Dialogue sur les deux principaux systèmes du monde*, achevé et publié en 1632 avec le total assentiment des censeurs, fut immédiatement reconnu dans toute l'Europe comme un chef-d'œuvre littéraire et philosophique. Le pape comprit vite qu'il constituait pour ses lecteurs un argument de poids en faveur de la théorie copernicienne et regretta d'avoir autorisé sa publication. Selon lui, malgré la bénédiction officielle accordée à l'ouvrage par les censeurs, Galilée avait néanmoins contrevenu au décret de 1616. Et il le traduisit devant le tribunal de l'Inquisition, qui l'assigna à vie à résidence et lui ordonna de renoncer publiquement à la doctrine de Copernic. Pour la seconde fois, Galilée céda.

Galilée demeura un bon catholique, mais sa conviction que la science devait être indépendante n'en fut pas ébranlée. Quatre ans avant sa mort en 1642, alors qu'il était toujours assigné à résidence, le manuscrit de son second ouvrage majeur fut transmis clandestinement à un éditeur hollandais. Connu sous le titre des *Discorsi*, ce livre, plus encore que son soutien à Copernic, marquera la véritable naissance de la physique moderne.

NEWTON

Isaac Newton n'était pas d'un commerce agréable. Ses relations avec ses pairs étaient tristement célèbres et il se trouva dans la dernière partie de sa vie entraîné dans de sauvages disputes. Après la publication des *Principia mathematica* (sans doute l'ouvrage qui eut le plus d'influence dans toute l'histoire de la physique), Newton devint très vite un personnage public. Nommé président de la Royal Society, il fut aussi le premier savant à avoir été anobli.

Newton entra vite en conflit avec l'astronome royal, John Flamsteed qui, après lui avoir fourni une bonne partie des données nécessaires aux *Principia*, refusait désormais de lui communiquer les informations qu'il réclamait. Newton n'était pas du genre à se résigner : comme il faisait partie du corps dirigeant de l'Observatoire royal, il tenta d'exiger la publication immédiate des données. Finalement, il s'arrangea pour faire dérober le travail de Flamsteed afin de le faire publier par Edmond Halley, l'ennemi mortel de l'astronome. Mais celui-ci porta l'affaire devant les tribunaux et obtint juste à temps une ordonnance de la Cour empêchant la diffusion du travail volé. Furieux, Newton se vengea en supprimant systématiquement toutes les références à Flamsteed dans les éditions ultérieures des *Principia*.

Une dispute plus sérieuse survint avec le philosophe allemand Leibniz. Leibniz et Newton avaient développé, chacun de son côté, une branche des mathématiques appelée calcul différentiel, qui sous-tend une bonne part de la physique moderne. Même si nous savons aujourd'hui que Newton l'avait découvert quelques années avant Leibniz, son travail fut publié bien après. Il s'ensuivit une querelle majeure entre savants pour savoir qui en était le véritable inventeur — avec de farouches partisans dans les deux camps. Il faut cependant souligner que la plupart des articles parus en faveur de Newton étaient écrits de sa propre main, bien que publiés sous le nom de ses amis ! Alors que la querelle grandissait, Leibniz commit l'erreur de faire appel à la Royal Society pour régler l'affaire. Newton, en tant que président, désigna une commission « impartiale » pour mener l'enquête, commission qui, par coïncidence, était exclusivement composée d'amis à lui ! Et ce n'est pas tout : Newton rédigea lui-même le rapport de la commission et le fit publier par la Royal Society, accusant officiellement Leibniz de plagiat. Non content de cela, il publia dans le journal de la Royal Society un commentaire anonyme sur le rapport. Après la mort de son adversaire, on rapporte que Newton se déclarait très satisfait d'avoir « brisé le cœur de Leibniz ».

À l'époque de ces deux discordes, Newton avait déjà quitté Cambridge et l'académie. Il avait mené là bas une politique anticatholique active, comme plus tard au Parlement, où il fut récompensé par la charge lucrative de gouverneur de la Monnaie. Là, il fit un usage plus décent de sa sournoiserie et de son fiel : il mena avec succès un combat contre la fausse monnaie et envoya même plusieurs hommes à la potence.

GLoSSAire

A

Accélérateur de particules
Appareil permettant d'accélérer le mouvement de particules chargées en leur fournissant davantage d'énergie.

Accélération
Rythme auquel la vitesse d'un corps augmente ou diminue (en physique, une accélération peut être positive ou négative).

Antiparticule
À chaque type de particule correspond une antiparticule. Lorsqu'une particule entre en collision avec son antiparticule, toutes deux sont annihilées, ne laissant que de l'énergie.

Atome
Élément de base de la matière ordinaire, formé d'un minuscule noyau (constitué de protons et de neutrons) entouré d'électrons en orbite.

B

Big bang
La singularité qui marque le début de l'Univers.

Big crunch
La singularité éventuelle qui marquerait la fin de l'Univers.

C

Champ
Quelque chose qui existe dans une région de l'espace, contrairement à une particule qui n'existe qu'en un point donné de l'espace.

Champ magnétique
Champ responsable des forces magnétiques, uni depuis Maxwell au champ électrique pour former le champ électromagnétique.

Charge électrique
Propriété d'une particule qui lui permet de repousser (ou d'attirer) d'autres particules ayant une charge de même signe (ou d'un signe opposé).

Condition «pas de bord»
Hypothèse selon laquelle l'Univers serait fini, mais sans bord.

Constante cosmologique
Quantité mathématique utilisée par Einstein pour conférer à l'espace-temps une tendance intrinsèque à se contracter ou à se dilater (selon son signe).

Coordonnées
Nombres qui précisent la position d'un point dans l'espace et dans le temps.

Cosmologie
Étude de l'Univers dans son ensemble.

D

Décalage vers le rouge
Rougissement, dû à l'effet Doppler, de la lumière d'une étoile qui s'éloigne de nous.

Dimension spatiale
N'importe laquelle des trois dimensions relatives à l'espace — c'est-à-dire toutes, sauf celle du temps.

Dualité
Correspondance entre des théories apparemment différentes qui conduisent aux mêmes résultats physiques.

Dualité onde/corpuscule
Notion de la physique quantique selon laquelle les particules se comportent tantôt comme des ondes, tantôt comme des corpuscules.

E

Électron
Particule dotée d'une charge électrique négative tournant en orbite autour du noyau d'un atome.

Énergie d'unification électrofaible
Énergie (environ 100 gigaélectron volt) au-dessus de laquelle la distinction entre la force électromagnétique et l'interaction faible disparaît.

Espace-temps
Espace à quatre dimensions dont les points sont des événements.

Événement
Point dans l'espace-temps défini par sa date et par sa position.

F

Force électromagnétique
Force qui apparaît entre des particules dotées de charges électriques : c'est la deuxième en intensité des quatre forces fondamentales.

Fréquence
Pour une onde, le nombre de cycles par secondes.

Fusion nucléaire
Processus par lequel deux noyaux se heurtent et fusionnent pour former un noyau unique et plus lourd.

G

Géodésique
Chemin le plus court (ou le plus long) entre deux points.

H

Horizon événementiel
Frontière d'un trou noir.

I

Interaction faible
L'une des quatre forces fondamentales. Elle est d'une très courte portée et affecte toutes les particules de matière. Elle est notamment responsable de la radioactivité dite ß, par laquelle un neutron se transforme en un proton, un électron et un antineutrino.

Interaction forte
La plus forte des quatre forces fondamentales, et de très courte portée comme l'interaction faible. Elle tient les quarks ensemble à l'intérieur des protons et des neutrons, qu'elle retient ensemble à leur tour pour former les noyaux des atomes.

L

Longueur d'onde
Distance entre deux creux adjacents, ou deux crêtes adjacentes d'une onde.

M

Masse
Quantité de matière d'un corps.

Matière noire
Matière présente dans les galaxies, dans les amas, et sans doute entre les amas : elle n'a jamais été observée directement mais on peut la détecter grâce à ses effets gravitationnels. On pense que 30 % de la masse de l'Univers est constituée de matière noire.

N

Neutrino
Particule extrêmement légère qui n'est affectée que par l'interaction faible et la gravitation.

Neutron
Particule très semblable au proton, mais sans charge, et qui constitue environ la moitié des particules dans les noyaux de la plupart des atomes.

Noyau
Partie centrale d'un atome, constituée seulement de protons et de neutrons maintenus ensemble par l'interaction forte.

P

Particule élémentaire
Particule qui, croit-on, ne peut pas se subdiviser.

Particule virtuelle
En mécanique quantique, particule qui ne peut jamais être détectée directement, mais dont l'existence a des effets mesurables

Phase
Désigne la position d'une onde à un instant donné de son cycle : elle permet de déterminer si elle est sur une crête, dans un creux, ou quelque part entre les deux.

Photon
Quantum de lumière.

Physique quantique
Théorie développée à partir du principe des quanta de Max Planck et du principe d'indétermination de Werner Heisenberg.

Poids
Force exercée sur un corps par un champ gravitationnel. Le poids est proportionnel, mais non pas égal, à la masse du corps.

Pont Einstein-Rosen
Mince cylindre dans l'espace-temps reliant deux trous noirs (voir aussi Trou de ver).

Positron
Antiparticule (chargée positivement) de l'électron.

Principe anthropique
Hypothèse selon laquelle l'Univers doit nécessairement avoir les propriétés qui le conduisent à produire la vie à un certain stade de son développement.

Principe d'exclusion
Principe selon lequel, pour certains types de particules, deux particules identiques ne peuvent pas être dans le même état quantique.

Principe d'indétermination
Principe formulé par Werner Heisenberg, selon lequel on ne peut jamais être tout à fait sûr à la fois de la position et de la vitesse d'une particule ; plus on connaît l'une de façon précise, moins on pourra déterminer l'autre. *N.d.E.* : principe d'incertitude est la dénomination qui a été adoptée par l'usage, mais elle est en réalité ambiguë. Elle sous-entend en effet que les deux attributs d'une particule (une vitesse et une position) ne peuvent être mesurés avec précision, alors que la physique quantique stipule qu'une particule n'a jamais ces deux attributs simultanément. Ils ne sont donc pas incertains mais plutôt indéterminés.
Heisenberg lui-même utilisa d'abord les mots *Unsicherheit* (incertitude) avant de s'arrêter sur *Unbestimmheit* (indétermination), qui est de loin le meilleur terme puisqu'il renvoie à l'absence de détermination numérique d'une grandeur physique.

Principe des quanta de Planck
Principe selon lequel la lumière (ou toute autre onde classique) ne peut être émise ou absorbée que par des quanta discrets, dont l'énergie est proportionnelle à leur fréquence.

Proportionnel
« X est proportionnel à Y » signifie que lorsqu'on multiplie Y par n'importe quel nombre, X le sera également. « X est inversement proportionnel à Y » signifie que lorsqu'on multiplie Y par n'importe quel nombre, X se retrouvera divisé par ce même nombre.

Proton
Particule très semblable au neutron, mais chargée positivement, et qui représente à peu près la moitié des particules dans les noyaux de la plupart des atomes.

Q

Quark
Particule élémentaire (chargée) subissant l'interaction forte. Protons et neutrons sont composés chacun de trois quarks.

R

Radar
Système utilisant des ondes radio pulsées pour détecter la position d'objets en mesurant le temps que met une seule impulsion pour atteindre l'objet et être réfléchie par lui.

Radioactivité
Transmutation spontanée d'un noyau atomique en un autre noyau atomique, accompagnée d'une émission de particule.

Rayonnement micro-onde du fond du ciel
Rayonnement provenant de l'éclat de l'Univers primordial chaud.

Rayons gamma
Rayons électromagnétiques de très courte longueur d'onde, produits par désintégration radioactive ou par collision entre particules élémentaires.

Relativité générale
Théorie d'Einstein fondée sur l'hypothèse que les lois de la physique devraient être les mêmes pour tous les observateurs, quelle que soit la façon dont ils se déplacent. Elle explique la force de gravité par la courbure d'un espace-temps à quatre dimensions.

Relativité restreinte
Théorie d'Einstein fondée sur l'hypothèse que les lois de la physique devraient être les mêmes pour tous les observateurs, quelle que soit la manière dont ils se déplacent, en l'absence de gravitation.

S

Seconde-lumière (année-lumière)
Distance parcourue par la lumière en une seconde (une année).

Singularité
Point dans l'espace-temps où la courbure de l'espace-temps (ou quelque autre quantité physique) devient infinie.

Spectre
Ensemble des fréquences qui constituent une onde. Nous pouvons observer la partie visible du spectre du Soleil dans un arc-en-ciel.

T

Théorie des cordes
Théorie selon laquelle les particules sont décrites comme des ondes sur des cordes. Les cordes ont une longueur, mais pas d'autre dimension.

Théorie de la grande unification (GUT)
Théorie unifiant les forces électromagnétiques et les interactions fortes et faibles.

Trou de ver
Mince cylindre d'espace-temps reliant des régions éloignées de l'Univers. Les trous de ver pourraient également nous relier à des univers parallèles ou «bébé-univers» et pourraient offrir la possibilité de voyager dans le temps.

Trou noir
Région de l'espace-temps de laquelle rien, pas même la lumière, ne peut s'échapper, parce que la gravité y est trop forte.

Z

Zéro absolu
Température la plus basse possible, à laquelle les corps n'ont plus aucune énergie thermique.

IndEx

Les pages comportant des illustrations sont indiquées en italique.

REMERCIEMENTS

Merci à notre éditrice, Ann Harris, des éditions Bantam, de nous avoir prêté sa considérable expérience et son talent pour nous aider à affûter le manuscrit. Merci également à notre équipe artistique, Philip Dunn, James Zhang et Kees Veenenbos, d'avoir pris le temps d'étudier quelques rudiments de physique pour pouvoir ensuite, sans en sacrifier le contenu scientifique, dessiner des images d'une grande beauté. Et à nos agents, Al Zuckerman et Susan Ginsburg de la Writer's House, pour leur intelligence, leur aide et leur attention sans faille. À Monica Guy, pour avoir relu les épreuves. Ainsi qu'à tous ceux qui ont eu la gentillesse de relire les versions successives du manuscrit, afin d'en améliorer toujours davantage la clarté : Donna Scott, Alexei Mlodinow, Nicolai Mlodinov, Mark Hillery, Joshua Webman, Stephen Youra, Robert Barkovitz, Martha Lowther, Katherine Ball, Amanda Bergen, Jeffrey Boehmer, Kimberly Comer, Peter Cook, Matthew Dickinson, Drew Donavanik, David Fralinger, Eleanos Grewal, Alicia Kingston, Victor Lamond, Michael Melton, Mychael Mulhern, Matthew Richards, Michelle Rose, Sarah Schitt, Curtis Simmons, Christine Webb et Christopher Wright.

S. H., L. M.

Les éditions Flammarion remercient chaleureusement l'Atelier Michel Bouvet, tout particulièrement Michel Bouvet, Claire Balay et Camille Fontaine pour leurs compétences graphiques et leur collaboration.

TABLE *DES* MATIèRES

Achevé d' imprimer en France par CLERC s.a.s.
18200 SAINT-AMAND-MONTROND